海洋发展战略时论

贾　宇　主编

海洋出版社

2017年·北京

图书在版编目（CIP）数据

海洋发展战略时论/贾宇主编. —北京：海洋出版社，2017.9
（海洋发展战略研究系列丛书）
ISBN 978-7-5027-9914-4

Ⅰ.①海… Ⅱ.①贾… Ⅲ.①海洋战略-研究-世界 Ⅳ.①P74

中国版本图书馆 CIP 数据核字（2017）第 213164 号

海洋发展战略时论
Haiyang Fazhan Zhanlüe Shilun

责任编辑：常青青
责任印制：赵麟苏
海洋出版社 出版发行
http：//www.oceanpress.com.cn
北京市海淀区大慧寺路 8 号 邮编：100081
北京朝阳印刷厂有限责任公司印刷
2017 年 9 月第 1 版 2017 年 9 月北京第 1 次印刷
开本：787 mm×1092 mm 1/16 印张：18.5
字数：294 千字 定价：68.00 元
发行部：62132549 邮购部：68038093
总编室：62114335 编辑室：62100038
海洋版图书印、装错误可随时退换

庆祝国家海洋局海洋发展战略研究所

成立30周年(1987—2017)

《海洋发展战略时论》
编审委员会

出版说明

国家海洋局海洋发展战略研究所成立于1987年。2017年是她的而立之年。三十年来，我们热爱海洋，关心海洋，研究海洋，保护海洋，与国家的海洋事业一同发展。在海洋发展战略、海洋法律权益、海洋政策规划、海洋经济科技、海洋环境资源以及全球海洋治理等方面，付出了艰苦的努力，取得了丰硕的成果。今天，我们可以自豪地说，战略所为发展海洋经济，维护海洋权益，建设海洋强国做出了重要贡献。

我们认为，为提高全民族的海洋意识贡献力量也是战略所的历史使命。这本文集收录了近五年来战略所同仁在《中国海洋报》上发表的文章：或解读国家海洋大政方针，或深入浅出地普及海洋知识，或与部分周边国家的海上侵权行为进行法理斗争，或严词批驳域外势力对我国海洋维权的污蔑抹黑。这一篇篇闪耀着智慧灵光的小文，凝结了我们爱海洋、护海权的赤子之心。今天读来，回味犹在，以时论之名，献给建所三十周年。

国家海洋局海洋发展战略研究所 党委书记 

2017年8月

目 次

海洋战略与政策

海洋权益与法律

海洋经济与科技

海洋环境与资源

其　他

海洋战略与政策

高屋建瓴　内容丰富
内涵深刻　意义深远

——学习习近平总书记2013年在中央政治局第八次集体学习会议上的讲话

高之国

2013年7月30日，习近平总书记在中共中央政治局第八次集体学习会上就建设海洋强国战略发表重要讲话。总书记的讲话高屋建瓴，内容丰富，内涵深刻，意义深远，既有战略上的宏观指导，也有实际层面上的具体指示和要求，为发展海洋经济、维护海洋权益、建设海洋强国指明方向。

一、建设海洋强国的历史和战略背景

总书记从中外两个方面阐述了海洋强国的历史沿革。从世界历史看，西方大国的发展无不与海洋息息相关，工业革命后西方主要国家通过海洋开拓殖民地、掠夺世界资源，发展成为世界强国。从中国历史看，中华民族曾经创造过灿烂的海洋文明，但从明代中期以后，由于闭关锁国，国力衰落，最终成为一个落后挨打的国家。历史经验告诉我们，面向海洋则兴，放弃海洋则衰；国强则海权强，国弱则海权弱。

关于海洋的战略地位，总书记一连用了三个“更加”来强调21世纪海洋在国际政治、经济、军事和科技竞争中的重要性：海洋在国家经济发展格局和对外开放中的作用更加重要，在维护国家主权、安全、发展利益中的地位更加突出，在国家生态文明建设中的角色更加显著。他还特别强调指出，中国是拥有300万平方千米主张管辖海域的陆海复合型国家。

二、海洋与国家的关系及在国家发展战略中的位置

总书记指出，海洋事业总体上进入了历史上最好的发展时期。我国在

海洋上拥有广泛的战略利益，海洋事业发展得怎么样，海洋问题解决得好不好，关系到民族生存发展，关系到国家兴衰安危。

总书记进一步从四个方面强调建设海洋强国在国家发展战略中的地位和作用：对推动经济持续健康发展，对维护国家主权、安全、发展利益，对实现全面建成小康社会目标，对实现中华民族伟大复兴都有重大而深远的意义。

总书记在讲话的结论中，高度概括总结和评价了海洋与国家发展的关系，指出："建设海洋强国是中国特色社会主义事业的重要组成部分。"海洋是一个物质概念，传统意义上属于经济基础的范畴，在总书记的讲话中，把海洋强国及其建设上升到一个哲学意义上的上层建筑的高度。上述精辟论断和结论，把海洋开发和海洋事业提高到一个前所未有的高度，把海洋与国家的前途和命运紧密地结合在一起。

三、关于建设海洋强国的理论、道路和模式

总书记高屋建瓴地阐述了中国建设海洋强国的道路和方式。那就是，"我们坚持依海富国、以海强国、人海和谐、合作共赢的发展道路；通过和平、发展、合作、共赢方式，实现建设海洋强国的目标"。也就是说，中国将通过和平而非战争的方式、合作而非霸权的道路实现建设海洋强国的目标。这是一条史无前例、强而不霸、具有中国特色的社会主义海洋强国之路，完全值得我们去大胆地探索和实践。

四、关于建设海洋强国的战略领域、措施和任务

总书记在讲话中，着重从以下四个方面阐述了建设海洋强国的战略领域、战略措施和战略任务。

第一，提高海洋资源开发能力，着力推动海洋经济从数量向质量效益型转变。为了实现这一目标，应采取的战略措施是："加强海洋产业规划和指导"，优化海洋产业结构，提高海洋经济质量，目标是"努力使海洋产业成为国民经济支柱产业，为保障国家能源安全、食物安全、水资源安全做出贡献"。

第二，保护海洋生态环境，着力推动海洋开发方式向循环利用型转变。在这一战略领域中，应采取的方针是："坚持开发和保护并举"，主要

措施为“三制度一规划”，即：建立入海污染物总量控制制度；完善海洋工程环境影响评价制度；加快建立海洋生态补偿和生态损害赔偿制度；尽快制定海岸线保护利用规划。

第三，发展海洋科学技术，着力推动海洋科技向创新引领型转变。这一领域的总体措施是：“搞好科技创新总体规划”，重点目标是在深水、绿色、安全的高技术领域取得突破，为利用大洋和极地资源做好前期准备。

第四，维护国家海洋权益，着力推动海洋维权向统筹兼顾型转变。关于维护海洋权益的战略举措，总书记指出“一个统筹，一个统一”，即“统筹维稳和维权两个大局，坚持维护国家主权、安全、发展利益相统一”。

我们一定要认真学习，深刻领会，努力贯彻执行总书记的讲话精神和工作指示，在各自的工作岗位上，把本部门、本单位的工作推上一个新的台阶，为发展海洋事业、建设海洋强国做出更大的贡献。

（2013 年 8 月 26 日）

宏观着眼　推动海洋强国建设

贾　宇

2013年7月30日，习近平总书记在中共中央政治局第八次集体学习时，就建设海洋强国进行了全面、系统、科学、深刻的论述，既有战略层面的宏观指导，也有操作层面的具体指示和要求。在发展海洋经济、维护海洋权益、建设海洋强国的伟大事业中，如何从宏观层面破解我们目前遇到的发展难题，值得深思。

笔者认为，建设海洋强国要从宏观层面解决以下几个重大问题。

一是做好顶层设计。要尽快制定海洋发展战略，构建海洋强国战略规划体系，统筹规划海洋强国建设。建议由中央定期召开海洋工作会议，举全国之力开展海洋强国建设。

二是健全海洋法律体系。建议尽快研究制定并出台《中华人民共和国海洋基本法》。海洋基本法在实质上是把党的政策和国家战略法律化，以法律的形式将党的十八大提出的“建设海洋强国”的战略决策以及实现这一目标的四个方面的任务明确和固定下来。

三是加强改革和组织实施。在国家海洋委员会的统筹协调下，进一步提升海洋综合管理部门的工作地位和统筹协调能力，把海洋强国建设的各项任务落实到位。国务院各部门应根据职责，结合实际制定相关规划；沿海各省（区、市）应将海洋事业发展纳入社会经济发展规划，做好中央和地方各项规划的统筹和衔接。

四是设立国家重大海洋专项工程。尽快研究提出保障海洋强国建设的重大专项工程，大力推进海洋领域基础性、前瞻性、关键性和战略性技术研发，快速提升和拓展走向深远海的能力。应尽快设立重大海洋科学研究计划、深海工程及装备技术专项、南海深远海基地建设工程等一系列国家重大海洋专项工程。

五是打造“硬实力”。制定相关政策，加大财政投入，提升装备水平，将中国海警建设成一支快速高效、行动有力、保障到位的海上综合执法队伍。根据军民结合、平战结合的要求，制定专门的法规、政策和技术标准，加快建设高效能的国家海洋船队力量。

六是提升“软实力”。将海洋强国建设列为中央宣传工作的重要议题，把海洋强国知识纳入国民教育体系，进一步强化全民族的海洋意识。改革和完善海洋科研管理体制，促进海洋科研机构和智库的建设和发展。加强海洋外交工作，营造有利的国际舆论环境，积极参与全球海洋事务和多边治理，多角度、多渠道宣传我国和平建设海洋强国的方针政策，推动和谐海洋建设。

（2013 年 8 月 27 日）

也谈中国的海洋强国之路

张海文

2013 年 3 月 4 日，十二届全国人大一次会议在北京人民大会堂举行新闻发布会。当日本共同社记者问到“中国如何描绘建设海洋强国的蓝图”时，大会发言人傅莹表示，建设海洋强国是中国现代化发展的需要，在党的十八大报告当中已经有了明确的阐述。中国首先是一个陆地大国，同时也是一个海洋大国。一方面，我们要坚定地维护自己的主权权益，另一方面我们也积极维护地区的和平、世界的和平，这个基本的原则立场 30 年没有动摇过。对于如何解决与邻国的争议问题，中国希望通过对话、磋商，通过商谈去解决分歧和矛盾。

国际社会关注中国，关注我们走什么样的海洋强国之路，都是正常的，无可厚非。我们应当利用各种途径，向世界讲清楚中国的海洋强国之路是一条和平发展、合作共赢的道路。

从国际看，海洋约占地球表面积的 70%，与人类的生存和发展息息相关。联合国把 21 世纪确定为“海洋世纪”，并把每年的 6 月 8 日确定为世界海洋日。与此同时，国际社会更加重视海洋。保护海洋环境、支撑绿色经济发展、增强可持续发展能力，已成为当代海洋事业发展的主要内容。目前，已有 20 多个国家发布了新的海洋发展战略。我国作为人口最多的发展中国家，大力开发利用和保护海洋，积极参与国际海洋事务，正是扩大对外开放、顺应国际潮流的具体体现。

从国内看，经过 30 多年的改革开放，海洋经济连续多年呈现快速和稳定增长的态势。“十一五”期间，全国海洋经济年均增速为 13.5%，高于同期国民经济增长速度。2012 年，全国海洋生产总值突破 5 万亿元。海洋经济已成为国民经济增长的新亮点。为确保到 2020 年全面建成小康社会，实现国内生产总值和城乡居民人均收入比 2010 年翻一番的奋斗目标，这就要求海洋经济必须在整体经济快速发展过程中发挥巨大的拉动作用。当前，中国东部沿海区域开发开放对海洋空间的需求越来越迫切，沿海产业结构调整对培育和壮大海洋战略性新兴产业的需求越来越迫切，人民群众对安全优美的海洋生态环境的需求越来越迫切。建设海洋强国，建设美丽海洋，不仅是实现国家富强的需要，也是人民群众的新期待。

从历史看，我国拥有过优秀灿烂的海洋文明，曾开创了沟通东西方文明交流的“海上丝绸之路”。但自鸦片战争到新中国成立之前的百年间，中国逐步沦为有海无防、备受欺凌的半封建、半殖民地国家。历史正反两方面的经验，使中国人民更加清醒地认识到，保守必然落后，落后必然挨打，开拓创新才有希望，才能发展。在我国经济越来越成为高度依赖海洋的外向型经济，我国利益越来越遍布世界各地的情况下，坚定不移地维护国家海洋权益，维护海上通道安全，对保持经济社会的可持续发展，实现中华民族的伟大复兴具有重要意义。

从文化看，中华民族是一个伟大的民族，为人类创造出了灿烂夺目的文化，历来主张“和为贵”“顺应自然”的和平理念。中国百年的屈辱史也使中国人民更加珍惜和平，更加清醒地认识到和平与民族复兴紧密关联。没有和平，中国不可能顺利发展，中国只有在和平的环境中，才能实现伟大的“中国梦”。对一个历来讲究“和为贵”的国家而言，建设海洋强国也必然要走一个独立、自强、和平的发展道路。

对于海洋强国的内涵，不同的时代、不同的国家有着不同的理解和表述。许多西方国家也都选择了海洋强国之路。但是，我国在建设海洋强国的过程中，走的是和平发展道路，这是我们党根据时代发展潮流和我国根本利益作出的战略抉择。

当前，我们面临着一系列制约沿海经济和社会可持续发展的矛盾和问题，海洋生态环境的保护力度、海洋产业的转型升级、海洋科技的创新、海洋权益的维护力度都亟待加强。在当前和今后一个时期，我们将不断地深化认知海洋的程度，着力提升利用海洋的水平，科学合理地构建生态海洋的格局，继续增强管控海洋的能力，努力和世界各国一起，建设持久和平、共同发展的和谐海洋新局面。

（2013 年 3 月 6 日）

建设中国特色海洋强国可分两阶段

贾　宇

党的十八大作出了“建设海洋强国”的重大部署，习近平总书记在7月30日中共中央政治局第八次集体学习时就建设海洋强国战略研究发表了重要讲话，鼓舞了一线海洋人，也振奋了关心中国海洋事业发展的社会各界人士。认真学习习近平总书记的讲话，不难发现中国特色海洋强国之路的特点。

一是建设强而不霸的海洋强国。中国特色的海洋强国应在认知海洋、利用海洋、保护海洋、管控海洋等方面拥有强大的综合实力。建设海洋强国是坚持和发展中国特色社会主义道路的重要组成部分，是一条依海富国、以海强国、人海和谐、合作共赢的发展道路。中国坚持和谐海洋、平衡发展的理念，努力建设海洋经济发达、海洋科技先进、海洋生态健康、海洋安全稳定、海洋管控有力的新型的强而不霸的海洋强国。

二是以和谐海洋为基本愿景。中国建设海洋强国不仅是为了维护本国利益，也是为了更好地履行国际责任、维护世界和平。应坚持社会主义核心价值观，继承和发扬中国和谐文化的传统，构建和发展中国特色的海洋强国理论体系。科学开发海洋，发展蓝色经济；建设生态海洋，促进人海和谐；谋求和平发展，推动合作共赢。共同维护世界海洋的和平、安全与可持续发展。我们坚持走和平发展的道路，但决不能放弃正当权益，更不能牺牲国家的核心利益。

三是选择和平走向海洋的发展道路。我们建设海洋强国不能走西方大国的海上霸权道路，但可以借鉴西方海洋强国的有益经验。建设中国特色海洋强国，既要追求和谐，更要强调发展，坚定不移地致力于维护世界和平，促进共同发展。建设海洋强国要高举和平、发展、合作和共赢的旗帜，努力构建利益共同体，有效管控海上危机，逐步破解海洋发展困境，维护公平合理的国际海洋秩序，走出一条具有中国特色的海洋强国之路。

建设中国特色海洋强国任重道远，我们应全面推动海洋事业科学发展，从认知海洋、利用海洋、生态海洋、管控海洋、和谐海洋等方面部署任务。一是发展海洋经济，二是加强海洋生态环境保护，三是发展海洋科技，四是维护海洋权益和海上安全，五是建设强大的海上力量。

建设中国特色的强而不霸、和谐、和平发展的海洋强国，可以分为两个阶段。第一阶段是2013—2020年，在建党100周年时，建成亚洲地区的海洋强国。这一时期海洋强国的建设任务和指标包括以下几个方面：海洋发展和安全战略成为国家战略的有机组成部分，战略规划和立法体系基本完备；不断深化海洋管理体制机制改革，海洋综合管理职能进一步强化，海上执法力量得到全面整合；海洋经济增速比同期国民经济增速高2%~3%，海洋经济综合实力显著提高；近海生态环境恶化趋势得到有效控制，海洋生态环境得到持续改善；海洋科技自主创新能力和产业化水平大幅提升，海洋基础研究水平进入世界先进行列，海洋前瞻性和关键性技术研发能力显著增强，部分海洋工程技术和装备跻身世界领先地位；周边海上形势基本稳定，引领地区海洋事务的发展；基本具备与地区强国相抗衡的海上力量，突破海洋方向对我国的战略围堵困局，为维护国家主权、安全和可持续发展提供必要的保障。

第二阶段是2021—2050年，在新中国成立100周年时，建成世界海洋强国。这一时期海洋强国的建设任务和指标主要包括：全民族具有强烈的海洋意识，海洋发展战略列为国家重大政治决策议题之一；海洋管理体制改革基本到位，提升海洋管理职能部门的地位，实现真正意义的海洋综合管理；海洋经济进入成熟稳定发展阶段，对国民经济做出更大贡献；海洋资源开发利用有序、高效，海洋生态环境优美、健康，实现陆海统筹、人海和谐；海洋科技水平进入世界前三位；掌控周边海上局势，主导地区海洋事务，在国际海洋事务中具有举足轻重的影响力；海上武装力量进入世界前三强；拥有世界规模最大的各类船队，海上执法队伍水平位居世界前列，能够有效维护和拓展我国在世界海洋的战略利益，为实现我国在全球的利益提供坚强有力的保障。

（2013年8月29日）

借鉴国外经验发展我国海洋经济

高之国

2013年7月30日，习近平总书记在中共中央政治局第八次集体学习会上就建设海洋强国战略发表重要讲话，特别强调要“着力推动海洋经济向质量效益型转变”。综观世界海洋经济的发展，美国、英国、日本等主要海洋国家都是从战略高度认识并推进海洋经济发展的。世界海洋强国统筹协调海洋产业发展，同时注重发挥市场对海洋资源的优化配置作用，值得我国借鉴。

他们的主要做法：一是制定跨行业的海洋经济发展政策。这一政策的核心是打破行业之间的隔阂与障碍，促进各部门之间海洋开发政策与海洋环境政策的战略对接，在最大程度上实现海洋的可持续利用。二是聚焦海洋经济的重点发展领域。在海洋可再生能源、海水生态养殖、蓝色生物技术、滨海旅游和海洋矿产资源五个重点领域，不断加大投入和政策支持，采取改进海洋管理、激活市场活力、建设海洋科技园区等措施，促进海洋技术转移，建立以企业为主体的海洋技术创新体系。三是实施基于生态系统的海洋综合管理。全世界有100多个沿海国家实施了海洋综合管理，以生态系统为基础，对海洋的各种利用活动进行协调和综合管理，促进海洋产业健康协调和可持续发展。四是强化管理部门在海洋经济发展中的服务功能。发展业务化海洋服务能力，以保障海洋的健康和沿海地区经济社会的安全，为海洋战略决策和企业参与海洋开发提供支撑。

我国海洋经济发展走向大海洋的时机已经成熟。走向大海洋就是立足全球海洋视野，集约优化利用近海、有效开发管辖海域、合理分享其他国家海洋资源、加快角逐公海大洋、深度经略南北两极。未来5至10年，是我国建设海洋强国的关键时期。海洋经济发展面临新的机遇，但同时也面临诸多挑战。第一，海洋产业结构和布局不尽合理。海岸经济仍然是主体，产能过剩和低质化并存，海洋经济大而不强。第二，海洋经济粗放型增长方式尚未根本转变，海洋资源与生态环境约束加剧。第三，海洋科技对海洋经济的引领与支撑能力不足。支撑海洋经济发展的自主核心技术缺乏、成果转化率低、高端科技人才不足，特别是深海技术和装备落后于人，海洋资源开发核心技术相对落后。第四，保障海洋经济发展的海洋管理体制机制有待改进和完善。

发展我国海洋经济需要采取一系列重大措施：优化海洋产业结构，全面推进海洋经济转型升级；坚持陆海统筹，构建海洋经济空间新格局；强化生态环境保护，维护海洋经济发展绿色基础；加快海洋科技创新，驱动海洋经济发展；推进深远海勘探开发，拓展海洋新疆域。

（2013年8月30日）

加快构建和实施海洋战略规划

王　芳

2012年党的十八大作出了“建设海洋强国”的决策，“海洋强国”的战略目标成为国家大战略的重要组成部分。2015年3月5日，李克强总理在十二届全国人大三次会议上所作政府工作报告，对推进海洋强国建设作出了具体部署，要求“要编制实施海洋战略规划，发展海洋经济，保护海洋生态环境，提高海洋科技水平，加强海洋综合管理，坚决维护国家海洋权益，妥善处理海上纠纷，积极拓展双边和多边海洋合作，向海洋强国的目标迈进”。李克强总理的报告高瞻远瞩，部署周密，中国建设海洋强国已从战略口号转向实际行动。

综观全球，当今世界发达国家和地区大都是依靠海洋走上强国之路，海洋资源和空间都为其成功发展和繁荣昌盛做出了巨大贡献。美国、加拿大、日本、越南等许多沿海国正在调整和制定其海洋战略和政策，综合规划海洋事业的发展，服务于国家战略目标。中国是陆海兼备的发展中国家，在海洋上拥有广泛的战略利益，海洋问题关系到中华民族的生存与发展。充分利用当前的战略机遇期，全面推动建设符合世界发展潮流和中国特色的海洋强国成为一项紧迫的战略任务。

“走和平发展道路，是中国坚定不移的国家意志和战略抉择”，国家的大政方针为建立中国特色海洋强国的新模式提供了重要的指导思想。中国建设海洋强国，坚持走依海富国、以海强国、人海和谐、合作共赢的发展道路。坚持通过和平、发展、合作、共赢方式，建设海洋经济发达、海洋科技先进、海洋生态健康、海洋安全稳定、海洋管控有力的新型的“强而不霸”的海洋强国，实现依海富国、以海强国，谋求与国家地位相称的公平合理的海洋利益。

中国特色的海洋强国，既体现“和谐”，更强调“发展”。以保障国家海上安全和经济发展为基本目标，建设强大的海洋综合力量，促进海洋经济、海洋科技、海洋生态环境保护事业全面发展。通过全党全国人民的长期不懈努力，科学开发海洋，发展蓝色经济；建设生态海洋，促进人海和谐；谋求和平发展，推动合作共赢。在海洋权益的问题上，必须立场鲜明，行动有力，妥善处理海上纠纷，坚持维护国家主权、安全、发展利益相统一。

围绕着海洋强国的战略目标，李克强总理在政府工作报告中提出了推进海洋强国建设的实施途径和工作手段，即编制实施海洋战略规划，并指明了推进海洋强国建设的具体领域和任务，要求从海洋经济发展、生态环境保护、海洋科技水平提升、海洋权益维护及海洋综合管理等方面着手工作。根据战略规划编制一般性要求，主要应从以下几方面构建海洋战略规划框架：

一是分析判断海洋战略形势。从主权、经济、安全角度出发，研究世界形势及国家发展宏观环境，分析世界海洋事务发展趋势，判断中国海洋发展战略的国际环境和方向，研究建设海洋强国的机遇和挑战。

二是确定基本原则与战略目标。在国家大政方针指引下，研究确定海洋战略的基本原则。围绕中华民族复兴与实现中国梦的总目标以及“两个百年”目标的实现，分别确定海洋战略的总目标和阶段目标。

三是战略重点与布局。由近及远分别对近海、远洋、国际海域及南北两极等各区域进行布局，在厘清国家重大战略利益基础上，分阶段规划战略关注点。

四是研究确定战略任务。分别从海洋经济发展、海洋生态环境保护、海洋科技进步、海洋公益服务等方面规划海洋发展领域战略任务；从岛礁争端、海域划界、海洋外交、海洋文化传播等方面规划海洋政治领域任务；从海洋军事、准军事（海警）、海洋行政执法等方面规划海洋安全领域战略任务。

五是制定政策措施与战略保障。从体制机制建设、政策法律制定、文化宣传教育、重大工程设置等方面提出政策措施，为战略规划的实施提供保障。

（2015 年 3 月 24 日）

建设海洋强国要深度经略深远海

刘 岩

绿色是现代人类文明秉持的道义和战略制高点。进入21世纪，以全球环境问题为议题的生态政治发展成为西方社会进入全球治理制度决策体系的重要政治力量，环境外交成为国际外交的主流形态之一。海洋生态保护成为当前海洋国际合作与竞争的前沿，深远海海域生物多样性养护和可持续利用也成为国家间海洋政治、外交和经济斗争的热点。

其中，建立远岛保护区是大国实现远岛投放力量的重要方式之一。2010年4月，英国将查戈斯群岛及其专属经济区的大部分海域设立为海洋保护区。2012年英国发布《海外领地安全》白皮书，对设立保护区进行宣告。毛里求斯政府指责英国，认为英国确立查戈斯群岛海洋保护区的目的并非保护海洋环境，而是通过建立保护区实现对海岛永久霸占。

目前，70%的海洋属于国家管辖范围以外海域（包括区域和公海），是人类尚未充分认识和开发利用的“公共区域”，具有重大的资源、科研、经济价值，它的生物多样性保护是国际力量角逐的新领域和战略制高点。深海生物多样性的保护包括一系列的问题：深海基因资源如何公平公正获取、收益如何分配，公海怎么管理，如何建立公海保护区，如何在公海实施环境影响评价等。从表面上看，这些都是和生物多样化保护和可持续发展相关的问题，其实这些都与各国在深海大洋的战略利益和话语权相关。

2013年，联合国大会对这些问题的讨论转入务实阶段，各国达成基本共识，决定推动联合国大会通过决议，尽快启动就深海生物多样性养护问题进行实质性磋商。

对于中国来说，深远海是建设海洋强国必须深度经略的战略空间。国际上海洋生物多样性养护问题的讨论，不仅是挑战，也是机遇。用军事力量维护海洋权益是一种硬手段，善用环境保护口径来化解各种危机，可以达到硬维权无法达到的效果。在深远海，我们应该顺应世界海洋生态环境保护大势，努力构建环境话语权、科学话语权、规制话语权体系，赢得深远海生态养护、环境保护、绿色维权战略的主动权。

（2013 年 11 月 20 日）

建设海洋强国是一项紧迫的战略任务

王　芳

党的十八大报告从战略高度对海洋事业发展作出了全面部署，明确指出要“建设海洋强国”。2013 年 7 月 30 日，中共中央政治局就建设海洋强国研究进行集体学习。中共中央总书记习近平强调，建设海洋强国是中国特色社会主义事业的重要组成部分。实施“建设海洋强国”这一重大部署，对推动经济持续健康发展，对维护国家主权、安全、发展利益，对实现全面建成小康社会目标、进而实现中华民族伟大复兴，都具有重大而深远的意义。

21 世纪是海洋世纪，海洋在国家经济发展及维护国家主权、安全、发展利益中的地位更加突出。中国既是陆地大国，也是海洋大国，拥有广泛的海洋战略利益。经过多年发展，中国海洋事业总体上进入了历史上最好的发展时期，中国综合国力增强，已具备了走向海洋的基础和条件，正面临着建设海洋强国的战略机遇期。抓住机遇，进一步关心海洋、认识海洋、经略海洋，推动建设符合世界发展潮流和中国特色的海洋强国成为一项紧迫的战略任务。

中国是爱好和平的国家，2011 年发表的《中国的和平发展》白皮书明确指出，中国要坚持和平发展道路。2012 年党的十八大报告对和平发展作出进一步阐述，“和平发展是中国特色社会主义的必然选择。要坚持开放的发展、合作的发展、共赢的发展，通过争取和平国际环境发展自己，又以自身发展维护和促进世界和平，扩大同各方利益汇合点，推动建设持久和平、共同繁荣的和谐世界”。“和平发展”已经上升为中国的国家意志，成为新时期国家发展的大政方针。2013 年 4 月，中国政府发布的《中国武装力量的多样化运用》白皮书提出，“走和平发展道路，是中国坚定不移的国家意志和战略抉择”，这为创设和平建设中国特色海洋强国的新模式提供了重要的指导思想。

建设海洋强国是坚持和发展中国特色社会主义道路的重要组成部分，是一条依海富国、以海强国、人海和谐、合作共赢的发展道路。中国着眼于中国特色社会主义事业发展全局，统筹国内国际两个大局，坚持陆海统筹，坚持通过和平、发展、合作、共赢的方式，扎实推进中国特色海洋强国建设，谋求与国家地位相称的公平合理的海洋利益。首先，中国建设海洋强国既是为了维护国家利益，更是为了维护世界和平，以实现公平正义为目标，把中国国家利益与人类共同利益辩证统一起来。通过统筹国内国际两个大局，利用和平的国际环境发展自己，又以国家的发展促进世界和平，更好地履行国际责任。其次，建设海洋强国是发展海洋经济和维护海洋权益的必然要求。中国特色的海洋强国，既体现“和谐”，更强调“发展”。以保障国家海上安全和经济发展为基本目标，建设强大的海洋综合力量，促进海洋经济、海洋科技、海洋生态环境保护事业全面发展。通过全党和全国人民的长期不懈努力，科学开发海洋，发展蓝色经济；建设生态海洋，促进人海和谐；谋求和平发展，推动合作共赢。第三，坚持走和平发展道路，但决不能放弃我们的正当权益，决不能牺牲国家的核心利益。在海洋权益的问题上，必须立场鲜明，行动有力。坚定不移维护岛屿主权，审慎处理海洋划界问题。中国的核心利益和正当权益是不能让步的。

（2013年8月7日）

从国家战略高度统筹部署南海资源开发

李明杰

习近平总书记在中共中央政治局第八次集体学习时指出，“要提高海洋开发能力，扩大海洋开发领域，让海洋经济成为新的增长点”。南海资源对我国经济发展具有十分重要的战略意义。当前我国对南海资源的开发已远远落后于南海周边国家。在我国能源供需形势日益严峻和南海资源争夺日趋激烈的情况下，应实施南海开发战略，通过多种途径加大勘探开发和利用南海资源的力度，做到油气、渔业、旅游和科研活动并进，以切实的行动来维护我国的海洋权益，为实现党的十八大作出的海洋强国战略部署奠定基础。

南海资源开发涉及政治、经济、军事、科技、外交等多层次，是国家层面的系统工程。必须站在国家的高度统筹协调、综合施策。习近平总书记在讲话中明确指示，“统筹国内国际两个大局，坚持陆海统筹，坚持走依海富国、以海强国、人海和谐、合作共赢的道路”。总书记的讲话，概括起来就是未来南海资源开发活动要实现“三个统筹”。

一是要统筹维权与合作的关系。推动南海地区的合作与共同发展，对于确保我国周边稳定大局、保持和延长我国战略机遇期具有重要的战略意义。但是，在目前我国南海权益日益受到侵害的形势下，中国单方面以口头倡议呼吁“搁置争议、共同开发”，似无法获得周边各国的认同，无法实现与周边国家在油气、渔业资源开发等领域的务实合作。习总书记在讲话中也明确指出：“决不能放弃正当权益，更不能牺牲国家核心利益。”因此，中国应采取包括海上维权执法、争议海域自主开发等海上维权手段，遏制周边国家不断掠夺我国南海资源的行为，只有这样，才能创造合作需求，最终促成南海合作。

二是要统筹军事和民事的关系。南海是我国重要的海上屏障、战略空间和资源的接替区。有了强大的海上军事和防卫力量，才能有效保障我国海上战略通道安全，才有可能对未来的南海资源开发活动提供安全保障。习近平总书记在讲话中作出“统筹维稳和维权两个大局，坚持维护国家主权、安全、发展利益相统一”的指示，对未来我们统筹南海资源开发中的军事和民事关系具有重要的指导意义。对南海岛礁及相关海域的开发建设，应以军控占领与民事管辖利用相结合的方式进行，建立融资源开发、国防建设、科研调查为一体的综合性保障基地，解决我国南海南部资源开发的综合保障问题，形成经济建设与安全防卫相互支撑的良性循环。

三是要统筹环境和发展的关系。南海岛礁个体小、数量多、分布广，陆域面积小，海域面积大，属于典型的珊瑚礁生态系统。由于全球气候变暖等自然因素的影响以及各国在南沙群岛的无序开发活动的破坏，南海珊瑚礁生态系统面临巨大的威胁。因此，未来的南海资源开发，一定要把海洋生态文明建设纳入海洋开发总布局之中，坚持开发和保护并重、污染防治和生态修复并举，科学合理开发利用海洋资源，真正实现习近平总书记讲话中“人海和谐”的目标。

（2013 年 8 月 20 日）

四大国政课题促韩国海洋发展

郑苗壮　李明杰

韩国是一个三面环海的半岛国家，拥有3000多个岛屿和12 733千米长的海岸线。1996年，韩国综合环保部、交通部等十多个中央政府部门的业务，建立了统一的海洋管理机构——海洋水产部，成为世界上首个实行海洋综合管理的国家。海洋水产部以统一的海洋管理机构处理涉海事务，解决了相关部门政策重复、职责分散、效率低下等问题，大大提高了管理效率。

2008年，韩国总统李明博拆分了海洋水产部，该部水产方面的职能并入农林部，组成农林水产食品部，负责海洋渔业的相关事务；海洋产业方面职能并入建设交通部，更名为国土海洋部。

2012年1月，韩国新任总统朴槿惠为迎合国内加强海洋综合管理、振兴海洋产业的呼声，复建了海洋水产部。国土海洋部将向海洋水产部移交海洋政策和海洋警察等业务，农林水产部移交水产方面的业务，海洋水产部职能进一步得到加强。复建后的海洋水产部负责渔业、海运、港口、海洋环境保护、海洋研究、海洋资源开发、海洋旅游、海洋政策、海洋科研与开发以及海事安全与司法等方面的工作，并重新任命部长、副部长。其基本组织机构包括企划调整室、海洋政策室、水产政策室、海运物流局、海事安全局、港口局及其他相关机构。

复建海洋水产部是实现朴槿惠政府“国政目标”的重要举措。4月17日，朴槿惠新政府完成组阁后，海洋水产部即向朴槿惠作了题为“通过海洋，实现国民梦想和幸福”的2013年业务报告，该业务报告是《海洋与水产发展基本计划》等以往政策的延续，报告内容包括“扩大全球海洋经济领土、实现传统海洋水产业的未来产业化目标、创造以海洋科技为基础的未来发展动力、营造‘国民健康’海洋空间”四大国政课题。

韩国海洋水产部在制定国政课题推进计划的同时，还最大限度地提高各部门间相关业务的办事效率。总的来说，韩国海洋水产部力图通过增强海洋和水产产业的协同效率，投身以海洋为主的世界经济发展潮流，在积极开辟海洋新产业的进程中努力发展蓝色经济。

一、扩大全球海洋经济领土

为加强领海和专属经济区管理，韩国计划在2014年上半年制定《海洋领土管理法》，加强无人岛屿管理，增强海警海上执法装备，力争到2017年增加部署6艘大型海警舰艇和10架飞机。挺进太平洋、印度洋，将原有的远洋渔业基地发展成水产品生产基地，到2017年将海外水产品生产量增加10%，推进开发海底矿产资源。加强南北极考察，建设南极张保皋基地，开辟北极航线。

二、实现传统海洋水产业未来产业化目标

将水产业培育成韩国未来优势产业，开发普及新概念养殖生产系统，营造一体化、复合式生产基地，缩短水产品流通环节，发展高附加值的海洋水产业，预计2017年海洋水产品产量将达到398万吨。推进海运物流业发展，开辟船舶管理业海外市场，培育海洋配套设备服务业。建设尖端海洋产业集群，推进港湾开发，推行海洋经济特区制，将釜山港发展成东北亚物流中心及地方经济发展基地，将蔚山港发展成为东北亚石油产业集群。

三、创造以海洋科技为基础的未来发展动力

开辟融资新渠道，扩大海洋生物产业市场占有率，预计到2020年将占有全球海洋生物市场5%的份额。结合海底开发技术，构筑尖端港湾运营系统，以事先预防恐怖威胁及货物安全隐患，培育尖端物流产业；开发水中移动通信技术和水下机器人技术，成为发展载人深潜器的海洋技术强国；培育海洋能源产业，推进海洋能源复合发展技术及环保型船舶技术开发。

四、营造“国民健康”海洋空间

营造清洁、安全的海洋，加强沿岸入海污染物总量控制，到2017年海

洋保护区由目前的18个增加到29个；推行沿岸缓冲区制度，划定沿岸缓冲区域，2017年将现有的172个沿岸地方侵蚀监控区域增至250个。出台海事安全综合对策，推行海洋安全监政区制度，加强海洋事故事先预防措施，推行共22个港湾的防洪灾害对策。推进幸福渔村、渔民的计划，加强渔民中心的管理体系建设，为50万人提供海洋休闲运动场所。构筑高速海上交通网，促进海运物流业发展，增加就业岗位。

（2013年7月11日）

拓展蓝色经济空间　建设新型海洋强国

王　芳

在十八届五中全会提出创新发展、协调发展、绿色发展、开放发展和共享发展五大发展理念中，创新发展是其中的第一大亮点。全会指出，创新是引领发展的第一动力，在国家发展全局中居于核心位置。要坚持创新发展，着力提高发展质量和效益。“拓展发展新空间”是创新发展的重要内容，用发展新空间培育发展新动力，用发展新动力开拓发展新空间。二者相辅相成，互为动力。

21 世纪，海洋在国家经济发展及维护国家主权、安全、发展利益中的地位更加突出，拓展海洋战略空间成为世界各国的共识。正是基于对海洋在国家社会经济发展中重大战略意义的清醒认识，中共中央关于制定国民经济和社会发展第十三个五年规划的建议稿明确提出“要拓展蓝色经济空间。坚持陆海统筹，壮大海洋经济，科学开发海洋资源，保护海洋生态环境，维护我国海洋权益，建设海洋强国”，为“十三五”海洋事业发展规划的编制和全面落实建设海洋强国战略任务指明了方向。

“十三五”时期，和平与发展的时代主题没有变，海洋事业面临着良好的发展机遇，按照党确定的“两个一百年”构想，分阶段、有步骤地推进海洋强国建设。“十三五”时期是建设新型海洋强国的关键时期，要以保障国家海上安全和经济发展为基本目标，立足国内和全球视野相统筹，树立大海洋思想，把海洋作为国家战略区域布局重点，充分利用世界海洋空间、开发世界海洋资源、保护海洋生态环境。优化开发海岸带和邻近海域，加强海岛保护与生态建设，有重点地开发大陆架和专属经济区，加大极地和国际海底区域资源调查与勘探力度，为国家发展拓展蓝色经济空间。

陆海统筹是规划海洋事业发展必须坚持的基本原则。中国是陆海兼备的大国，要确立陆海整体发展的战略思路，把“陆海统筹”的思想和原则贯彻到海洋资源开发利用的工作中来，提高我们对海洋的认知能力、开发能力、控制能力和管理能力。综合协调和正确处理沿海陆域和海域空间开发关系，统一筹划海洋与沿海陆域两大系统的资源利用、经济发展、环境保护、生态安全和区域政策。

较高的海洋开发能力和发达的海洋经济是建设海洋强国的重要基础。要坚持科学发展，加快建设海洋主体功能区，全面节约和高效利用海洋资源。要以科技为先导，促进海洋科技进步，提高海洋资源开发能力，转变海洋经济发展方式，推动海洋经济向质量效益型转变。要在深海探测、海洋工程装备及高技术船舶等领域部署一批体现国家战略意图的科技项目，推动军民融合发展，努力突破制约海洋经济发展和海洋生态保护的科技瓶颈，推动海洋经济为国家经济保持中高速增长做出贡献。

强化海洋综合管理，构建海洋生物多样性保护网络，提升海洋生态系统稳定性和生态服务功能，促进人与海洋和谐共生。坚持开发和保护并举，加大海洋环境治理力度，筑牢海洋生态安全屏障。开展蓝色海湾整治行动，构建自然海岸线良好格局。推动形成蓝色海洋绿色发展方式，坚决遏制海洋生态环境不断恶化的趋势。

加快推进“海上丝绸之路”建设，陆海内外联动。积极承担国际责任和义务，谋求合作共赢与和平发展。充分利用两个市场、两种资源，推动互利共赢、共同发展。要继续坚持“主权属我、搁置争议、共同开发”的方针，以海上力量建设为保障，提高海洋综合实力，坚持维护海洋权益要和提升综合国力相匹配，着力推动海洋维权向统筹兼顾型转变，坚决维护我国海洋权益。通过长期不懈的努力，把我国建设成为海洋科技先进、海洋经济发达、海洋生态环境健康和海上力量强大的新型海洋强国。

（2015 年 11 月 26 日）

“十三五”规划建议对海域管理提出新要求

张　平　赵　骞

“十三五”时期将是中国全面建成小康社会的决胜期，也是经济发展从量向质跃升的关键期。为顺利实现既定目标，《中共中央关于制定国民经济和社会发展第十三个五年规划的建议》（以下简称《“十三五”规划建议》）提出一系列切实可行的措施，如拓展发展新空间、坚持绿色发展理念、创新和完善宏观调控等，试图从增长动力、增长质量、制度环境三方面找到突破当前经济发展瓶颈的方法。而这三方面都与海域使用管理有着极其密切的关联。

拓展发展新空间涉及海域使用管理中的区域倾斜及地区指向性问题。随着建设“一带一路”、京津冀协同发展、长江经济带建设的深入推进，涵盖产业结构调整、产业转移、重大工程的区域发展空间拓展将出现新形势。“十三五”时期，海域使用政策需向海上丝绸之路重点城市、京津冀人口和产业承接城市、长江经济带适度倾斜，保障其合理规模、符合产业政策的用海需求，助力国家区域发展策略调整和重点地区形成产业和人口集聚，推动京津冀、长三角、珠三角等优化开发区的快速、高端、高效发展。

绿色经济理念及生态改善涉及海域使用管理中产业导向和经济布局的限制性问题。新世纪以来，海洋开发热潮不断升温，海洋产业、临港工业蓬勃发展，同时也对海洋生态环境带来极大破坏，特别体现为自然岸线不断缩减，海水水质迅速恶化，海洋生物锐减。近几年，随着海域使用制度的不断完善，围填海等对海洋生态环境影响显著的人类活动得到基本控制，但海域管理对产业导向和产业布局的积极作用还有待进一步挖掘。《“十三五”规划建议》将经济发展和生态保护的关系上升到新的高度，明确提出要促进人与自然和谐共生，有度有序利用自然。在所有的海洋管理中，海域使用管理是实现人海和谐目标的最有力抓手。海域使用管理可以从海域供给的角度，通过有保有压的方式和海洋主体功能定位等，对沿海地带的总体产业布局、空间结构优化进行方向性引导和制度性安排，对未批用海和核减用海进行公示说明。

创新和完善调控方式涉及海域使用管理理念、方式、发展方向等问题。《海域使用管理法》实施以来，我国海域管理进入法治化管理阶段。2010年，“全国围填海计划”被纳入国民经济和社会发展计划，标志着海域使用管理迈上了新的台阶。海域管理已经成为海洋领域全面落实国家产业政策、促进经济发展方式转变的重要手段，属于国家宏观调控政策的重要内容。随着社会经济向更高阶段的跃升，海域管理必须向更规范化、精细化、动态化的方向发展。《“十三五”规划建议》为今后的海域管理指明了方向。一是科学依法管海，树立服务意识。依据《海域使用管理法》《报国务院批准的项目用海审批办法》《政府核准的投资项目目录（2014年本）》等有关法规，海域管理部门需进一步优化审批程序，增强服务意识，提高行政效能，严格用海审查，保障合理用海。二是发挥用海调控作用，主动与国家财政政策、货币政策、产业政策、区域政策、环保政策、海洋政策等宏观调控手段进行对接、配合，为实现美丽海洋和沿海地区社会经济发展做出贡献。三是海域使用管理应更加注重总量调节和定向施策并举、短期和中长期结合、全国和区域统筹。在此基础上完善制度设计，采取相机调控、精准调控措施，更加注重调整产业结构、提高综合效益、防控环境风险、保护海洋生态。

（2015年12月2日）

与国际社会共建南极美好未来

——读《中国的南极事业》白皮书

姜祖岩

5 月 22 日，在第 40 届南极条约协商会议召开之际，国家海洋局向国内外公开发布我国首个白皮书性质的南极事业发展报告——《中国的南极事业》。该报告从中国发展南极事业的基本理念、南极考察历程、南极科学研究、南极保护与利用、参与南极全球治理、国际交流与合作、愿景与行动 7 个方面总结回顾了我国南极事业“从无到有，由小到大”30 余年的发展历程和所取得的辉煌成就。

报告的发布恰逢其时，对推动我国海洋强国战略的实施，促进极地事业的发展具有重要意义和深远影响。

我国的南极考察始于 1980 年前后，在 30 余年的时间里，完成了 33 次南极考察，陆续建立长城站、中山站、昆仑站、泰山站 4 个考察站和一个极地考察国内基地，初步建成涵盖空基、岸基、船基、海基、冰基、海床基的国家南极观测网，在南极冰川学、空间科学、气候变化科学等领域取得一批突破性成果。同时积极开展国际合作，“雪龙”号考察船和“雪鹰601”固定翼飞机多次参与南极救援行动。这些成绩的取得，离不开极地精神的感召和鼓舞，离不开无数不畏艰险、敢为人先的极地工作者的默默付出和顽强拼搏。报告通过对我国南极事业所取得成就的总结和回顾，号召广大海洋工作者、极地工作者继续扎实做好极地工作，不忘初心，敢于担当，有所作为，将履职尽责落在实处，为我国极地事业再上新台阶不懈奋斗。

我国 1983 年加入《南极条约》，1985 年成为南极条约协商国。自此，我国一直在以《南极条约》为核心的条约体系下参与南极事务，坚决维护南极条约体系稳定，坚持和平利用南极，保护南极生态环境，推动南极治理朝着更公正、更合理的方向发展，努力构建南极“人类命运共同体”。

随着我国经济发展水平和综合国力的显著提升，近年来我国参与极地事务越来越受到国际社会的关注。因此，报告的出台对于回应国际关切，突显我国负责任的大国担当和国家形象具有积极作用，将有利于国际社会正面理解我国在南极事务上的发展思路。

与美英等极地强国相比，我国的南极事业起步较晚。30 余年里，我国虽然在参与南极事务的实践中取得了不俗的成绩，但尚存较大的提升空间。在我国南极事业未来的发展中，应注重以下几方面内容。

（1）继续坚定不移地维护南极条约体系的稳定。南极条约体系是当前国际社会处理南极事务的核心机制。该体系冻结了相关国家对南极的领土要求，这被认为是解决南极主权争议的最妥善方式。南极条约体系的存在使多年来各国对于南极的和平利用成为可能，若南极条约体系稳定不再，将会极大地增加不安定因素，南极地区或将成为各方势力新的“角力场”。

（2）不断提升我国在南极地区的实质性存在。目前，各国主要通过以下 3 种方式体现其在南极的实质性存在——建立科考站、设立南极特别保护区和南极特别管理区、参加南极条约体系的相关会议并提交工作文件或信息文件。

在建立科考站的层面上，30 余年来，我国已在南极建立了长城站、中山站、昆仑站、泰山站 4 个考察站，但数量上的优势却无法抵消我国科考站在“软实力”方面（如容纳人数、基础设施建设等）与极地强国的差距。在设立南极特别保护区和特别管理区的层面上，据南极条约秘书处官方网站的数据显示：截至目前，各南极条约协商国在南极地区共设立了 75 个南极特别保护区和 7 个南极特别管理区，我国目前只单独建立了 1 个特别保护区，与其他国家共同建立了 2 个特别保护区和 1 个特别管理区，这与极地强国尚存较大差距。未来我国可以在扩展南极科考范围的基础上，扎实做好预研工作，为申报新的特别保护区和特别管理区积累资料。在参加南极条约体系相关会议的层面上，与极地强国相比，中国提交工作文件的数量仍处于劣势，我国应以本次主办南极条约协商会议作为一个契机，努力提升我国在南极事务中的话语权和国际影响力。

（3）积极推进国内立法，研究制定极地战略。如报告所述，2004 年国务院颁布第 412 号令对南、北极考察活动实行审批制度。2014 年，国家海洋局发布《南极考察活动行政许可管理规定》，这是我国首部规范南极考察活动的行政法规，它对于我国公民、法人及其他组织从事南极考察活动的申请、受理、审查、批准和监督管理方面加以规范。今年5月，国家海洋局发布《南极考察活动环境影响评估管理规定》，对于拟组织开展南极考察活动的我国公民、法人或其他组织提出提交环境影响评估文件的要求，并明确了监督检查制度，这是对2014年出台的《南极考察活动行政许可管理规定》中建立的环境影响评估制度的具体化，体现了我国近年来对于规范南极活动的尝试和努力。

需要注意的是，由于南极条约体系对于各缔约国的公民不具有强制约束力，因此，为了保护南极的环境和生态系统，对本国公民、法人及其他组织在南极的相关活动进行规制，各国均需制定国内法以执行南极条约体系的相关规定，使本国公民、法人及其他组织在南极的行为和活动有法可依。截至目前，我国并没有出台关于极地事务的法律，而上文提及的两个管理规定只针对南极考察活动，并未涉及南极旅游行为。据国际南极旅游业者协会统计，2015—2016年，我国赴南极旅游的人数占世界南极旅游总人数的10.6%，仅次于美国和澳大利亚，为该年度登陆南极旅游的第三大客源国，而且游客的需求也呈现增长态势。基于此，我国国内相关法律、法规亟待完善，需扎实做好前期研究，制定能够涵盖我国公民、法人和其他组织开展南极活动的国内法律、法规，有效推动南极立法进程，更好地保护南极的生态环境。

除了国内立法，制定国家层面的极地战略也势在必行。今年4月召开的中国极地考察表彰大会指出“要科学制定极地发展战略规划，提高经略极地顶层设计能力”，这对于我国海洋强国战略和“一带一路”倡议的实施将起到至关重要的作用，也将更加卓有成效地指导我国极地事务的未来发展。

今天，作为东道国，我国第一次主办南极条约协商会议，这是一个全新的开始，站在这个新起点上，以白皮书的发布作为契机，我国将继续与国际社会一起，为建设一个和平稳定、环境友好、治理公正的南极奋力前行。

（2017年5月31日）

海洋权益与法律

《深海法》奠定我国深海法律制度的基石

贾 宇

2 月 26 日，《中华人民共和国深海海底区域资源勘探开发法》（以下简称《深海法》）经第十二届全国人大常委会第十九次会议审议通过，并于 5 月 1 日正式实施。该法的通过及实施是我国海洋事业发展中的一件大事，对推动我国海洋法治建设，促进大洋事业发展具有重要意义。

一、《深海法》的主要制度及特点

《深海法》确立了我国对深海海底区域资源勘探开发活动的许可制度、环境保护制度、科技发展与资源调查等制度，对于规范我国深海资源勘探开发活动，推进深海科学技术研究及资源调查，保护深海环境，促进资源可持续利用，均具有重要作用。

深海海底区域资源的勘探、开发许可制度是《深海法》的核心。《深海法》规定，我国的公民、法人或者其他组织在向国际海底管理局申请从事深海海底区域资源勘探开发活动前，应当向国务院海洋主管部门提出申请。经国务院海洋主管部门对申请者提交的材料进行审查通过后授予许可，并在获得该许可后，方可向国际海底管理局提出深海海底区域资源勘探、开发申请。申请者在与国际海底管理局签订勘探、开发合同成为承包者后，方可从事勘探、开发活动。按照《深海法》，承包者在转让勘探、开发合同的权利义务前，或者在对勘探、开发合同作出重大变更前，也应当报经国务院海洋主管部门同意。

环境保护制度是《深海法》的重要组成部分。《深海法》规定，国务院海洋主管部门负责监督承包者保护海洋环境，承包者应当在合理、可行的范围内，采取必要措施，防止、减少、控制勘探开发区域内的活动对海洋环境造成的污染和其他危害，保护和保全海底生态系统、有灭绝危险的物种和其他海洋生物的生存环境。承包者应调查研究勘探、开发区域的海洋状况，确定环境基线，评估勘探、开发活动可能对海洋环境的影响，制定和执行环境监测方案。

科学技术研究与资源调查制度将有力推进我国深海科技的发展。《深海法》规定，国家支持深海科学技术研究及专业人才培养和技术装备研发，将深海科学技术列入科学技术发展的优先领域。国家支持深海公共平台的建设和运行，为相关个人、企业和机构的深海研究开发活动提供共享合作机制。《深海法》还专门规定了资料汇交制度，从事深海海底区域资源调查活动应当按照有关规定将有关资料副本、实物样本或者目录汇交国务院海洋主管部门和其他相关部门，汇交的资料和实物样本将提供社会利用。

监督检查和法律责任制度将保障《深海法》相关规定得到有效落实。《深海法》规定，国务院海洋主管部门应当对承包者勘探、开发活动进行监督检查，有权检查承包者用于勘探、开发活动的船舶、设施、设备以及航海日志、记录、数据等。承包者应当定期向国务院海洋主管部门报告履行勘探、开发合同的事项，对国务院海洋主管部门的监督检查予以协助、配合。《深海法》对违反本法的行为，规定了相应的法律责任。

《深海法》是我国第一部规范我国自然人、法人及相关组织在我国管辖外海域开展相关活动的法律。在地理适用范围上，该法所规范的海上活动集中于国家管辖范围以外的深海海底区域。《深海法》充分考虑了国内法和国际法的衔接问题，协调了中国政府、公民、法人及其他组织以及国际海底管理局的法律关系。《深海法》对深海海底区域环境保护进行了详细的规定，借鉴了关于环境保护的国际习惯法规则以及国际海底管理局的相关规定，确立的环境保护原则达到了国际标准和要求。

二、我国深海立法的意义及影响

我国深海立法，在丰富我国海洋法制建设、参与和影响国际规则制定等方面都具有重要意义和深远影响。

《深海法》规定的“深海海底区域，是指中华人民共和国和其他国家管辖范围以外的海床、洋底及其底土”，是《联合国海洋法公约》第十一部分规定的“区域”，即各沿海国管辖范围以外的“海床、洋底及其底土”，其周边界限为各国大陆架，其上覆水域为公海。“区域”面积约占海洋总面积的65%、地球表面积的50%。我国既有大洋科考和勘探调查活动主要依据相关国际法和国际海底管理局制定的有关规章，《深海法》是我国第一次以国内法的形式规范我国公民、法人或者其他组织在该区域从事相关活动。《深海法》与《中华人民共和国领海及毗连区法》《中华人民共和国专属经济区和大陆架法》属于同一位阶并相互衔接，将中国的海洋法律制度的适用范围从近海延伸至远海。

我国《深海法》的制定要考虑我国管理者（中国政府、国务院海洋主管部门等）、深海活动主体（中国的公民、法人或者其他组织）和国际海底管理局之间的关系。在深海资源调查、勘探和开采各阶段，这三方之间的法律关系在不停地变化。在调查研究阶段基本是自由的，不受政府干预；在结束调查申请矿区时，主要是申请者和管理局之间签订勘探合同，国家作为担保国；在开发阶段，这三方的权利义务关系与第二阶段类似。因此，我国政府无权径自批准我国企业直接进入“区域”从事资源勘探开发，必须先由勘探开发主体在国家担保下，与管理局签订勘探开发合同，按照合同和我国法律开展相关活动。这种形式的管理是我国政府和相关部门面临的新问题，需要在职权范围和程序等方面充分考虑相关国际规则。《深海法》充分体现了我国海洋制度与国际规则的衔接和融合，在这一方面为我国其他领域的立法和管理提供了经验。

我国的深海立法是在《联合国海洋法公约》及相关国际法文件规定的制度框架内进行的，充分反映国际社会关于保护深海环境、共同受益于深海科技发展和资源开发的愿望。这在《深海法》的立法宗旨、基本原则和具体制度上均有明确规定，体现了我国维护国际海底秩序、推进国际深海科技发展、和平利用深海资源的决心和努力，体现了负责任大国的担当。

三、我国深海法律制度的未来发展

《深海法》的制定和实施将为我国深海法律制度的发展奠定基石，今后还需要密切关注国际深海制度的发展，充实完善我国的相关法律制度。

从国际上看，关于深海资源开发的专门规章还在制定之中，深海资源的规模化商业开发尚未开始。我国的《深海法》对现有资源开发的规定也是比较原则性的，相关具体规则的细化和落实有赖于相关国际规则的发展及我国管理经验的积累。关于深海海底生物遗传资源的开发利用、深海海底文物的保护等，也与本法规定的事项密切相关，我国也应关注相关领域的国际动向，明确我国的立场，并在相应的立法中得到体现。

从贯彻落实《深海法》的角度看，我国也需要进一步规定深海资源勘探开发的一些具体制度，制定明确的、可操作的规则，并在实践中贯彻执行。例如，资源勘探开发申请审批程序及相关要求、深海资源勘探开发环境调查和环境影响评价的规则、资源调查研究的资料样品汇交及使用制度、深海活动监督检查职责和程序等。此外，我国《深海法》的落实和发展还必然要求进一步完善我国现有深海工作机制和管理机制，为我国深海事业的发展提供持久而稳定的法律保障。

（2016 年 3 月 7 日）

正确认识海洋维权形势　坚决维护国家海洋权益

吴继陆

胡锦涛总书记在党的十八大报告中指出要“坚决维护国家海洋权益”。2012年年初以来，我国周边海域热点频发，维护海洋权益形势严峻，引起国内外广泛关注。那么，什么是海洋权益，如何看待我国的维权形势，如何维护我国的海洋权益，这些都要求我们不断深化理解，提高认识，并为之付出长期不懈的努力。

一、全面理解海洋权益的内涵

何谓海洋权益？一般的理解是国家在认识和利用海洋活动中应当享有的权利和利益。例如，毗连区管制权、专属经济区和大陆架的主权权利和管辖权、在他国管辖海域的航行权利、行使公海六大自由的权利以及分享国际海底区域人类共同继承财产利益等。严格来说，海洋岛屿主权及领海主权在性质上高于一般的海洋权益。但依据“陆地统领海洋”的原则，海洋岛屿主权是主张岛屿领海等管辖海域及其相关权利的基础。因此，维护岛屿主权一般也被视为维护国家海洋权益的重要任务。

以1982年《联合国海洋法公约》为基干的现代海洋法规定了各国在不同海洋区域的权利和义务，是各国主张海洋权益和维护海洋权益的重要依据。但是《联合国海洋法公约》本身是一个开放的体系，它并不排斥、否定一国依据其他国际法享有的权利和利益，如历史性权利。

维护我国海洋权益，并不仅仅限于维护我岛礁主权和我管辖海域的权益，在其他海域，如他国管辖海域、公海和国际海底区域，我国也享有相关的海洋权益。中国作为最大的发展中国家，依法享有在这些海域通航、资源开发、海洋科学研究、维护海上安全等权利和利益，是完全合法的、正当的。

二、正确认识海洋维权形势

岛屿主权和海洋划界争端以及与此密切相关的海洋资源开发争端，在国际海洋事务中是普遍存在的问题。据不完全统计，目前在世界上存在60多处海洋岛屿主权争端，多数岛屿主权争端均已存在至少数十年。世界上需划定的海洋边界约400条，目前已经划定的还不到一半。在我周边国家中，没有任何国家完全解决了海上边界问题。从这个角度说，解决岛礁主权、海洋划界和资源开发争端，并非中国独有的问题。

但是，在世界各大国中，我国维护海洋权益的形势最严峻，维权任务最繁重。在我国周边海域中，南海是世界上海洋权益争端最复杂的海域。近年来，我国岛礁被侵占、海域被瓜分、资源被掠夺、通道受控制的形势越来越严峻。2012年以来，我国周边海上热点问题此起彼伏。对此，中国采取了系列措施，坚决维护我国岛礁主权和海洋权益，国外有人惊呼中国之强硬“超乎预期”，有人将此作为“中国威胁”的新证据。

是中国采取了强硬的立场和措施才导致海洋权益争端加剧乃至升级吗？不明真相的善意者或罔顾事实的别有用心者似乎觉得这有点道理。但任何站在客观理性立场的公正者都会认识到：中国采取的系列维权措施，基本上是被动反应性的，是对相关国家侵犯我国海洋权益的必要的回应和反制。中国从未主动挑起争端，并无意于将争端升级。中国提出并坚持“搁置争议，共同开发”主张已有40余年，但中国的诚意并未得到某些国家的积极响应。在主张和维护国家海洋权益方面，中国长期以来一直比较克制，并未恃强凌弱。相反，倒是某些国家误判形势，视中国的忍让为软弱，不断加大侵犯我国海洋权益的力度。

近年来，中国周边海洋权益争端加剧，这与某些大国的介入是分不开的。域外某些大国的所谓“重返亚洲”，或者“再平衡”战略，让中国周边某些国家似乎看到了难得的历史机遇。在域外某些大国似真似假的承诺下，在其或强或弱的支持下，周边某些国家加快了争夺海洋权益的步伐。

三、坚决维护国家海洋权益

维护国家海洋权益是一项复杂的长期的任务。海洋权益争端的产生和发展受多种因素影响，历史缘由、法律发展、国内政治、经济发展、军事力量、双边关系和国际形势等交织在一起，而且各因素本身也存在程度不等的模糊性和不可预见性。这就决定了应对和处理海洋争端必然是一个长期的过程，任何毕其功于一役的想法都是不切实际的。这就要求我们必须依据形势发展不断优化相关决策机制和执行机制，使我们的政策和措施兼顾到局部与整体、当前与长远。我们既要关注我国近海、我国管辖海域的维权问题，也要放眼全球，关注我国在公海、大洋、南北极和其他国家管辖海域的权益问题。除了解决当前的迫切问题，也要有长期的规划，不能头疼医头、脚痛医脚，疲于被动应付。

维护国家海洋权益必须“理”与“力”相结合。和平解决海洋争端也必然是一个“说理”的过程。我们必须进行全面的深入的研究，提出系统的历史证据和法理依据，以证明我权利主张的合法性、合理性，赢得国内外的广泛支持。但是，有理并不能自动产生有利的结果，忍让、克制和善意也并不一定能赢得相应的回报。维护国家海洋权益还需要不断加强海上力量建设，采取必要的、有力的、有效的反制措施。

维护国家海洋权益不是一场完全的零和博弈。中国维护国家海洋权益不是谋求不正当的海洋霸权，充分尊重各国符合国际法原则的正当海洋权益，在岛礁主权和海域划界争议解决前，中国仍需继续推动落实“搁置争议、共同开发”的政策，共同开发油气资源，合作开发与保护渔业和其他海洋资源。中国与周边国家仍需加强在海洋科学研究、海洋防灾减灾、海洋环境保护、航行安全、海上生命安全和海上信任措施建立等领域的交流与合作。

（2012年11月19日）

中国应该退出《联合国海洋法公约》吗

贾 宇

近日，围绕仲裁庭就菲律宾南海仲裁案进行的听证和审理，以及仲裁庭已经发表的关于管辖权的裁决和2016年将发表的关于仲裁案的最终裁决，国内有学者开始提出中国退出《联合国海洋法公约》（以下简称《公约》）的问题。这种观点认为，既然《公约》于我不利，我们不接受、不参加仲裁，将来也不可能执行仲裁，那不妨退出《公约》。笔者不同意这种看法，分析如下。

1971年1月25日，第26届联合国大会以压倒性多数通过了阿尔巴尼亚等23个国家提出的“恢复中华人民共和国在联合国的一切合法权利和立即把国民党集团的代表从联合国及其所属的一切机构中驱逐出去”的提案。著名的2785号决议认为，“恢复中华人民共和国的合法权利对于维护《联合国宪章》和联合国组织根据宪章所必须从事的事业都是必不可少的”。中华人民共和国恢复在联合国的合法席位之后和作为联合国安全理事会的5个常任理事国之一，在最重要的多边外交场合的首次登台亮相，就是参加第26届联大和《公约》的制定。

在将近10年的谈判中，中国代表团积极参与第三次联合国海洋法会议，维护中国权益，支持第三世界国家的合理要求，反对海洋霸权主义。第三次联合国海洋法会议制定的《公约》，不仅是国际海洋法发展的重要里程碑，也是国际政治外交斗争和妥协的产物。

一、《公约》与中国的渊源

1982年当《公约》开放签署时，中国率先在《公约》上签字。1996年5月，第八届全国人民代表大会常委会第19次会议批准了《公约》。1996年7月，《公约》开始对中国生效。

《公约》包括十七部分，连同9个附件共446条，内容涉及海洋法的各个方面，包括领海、毗连区、专属经济区、大陆架、公海、国际海底区域、国际海峡、群岛国以及海洋争端的解决等各项法律制度，被誉为“海洋宪章”。

作为一个海岸线漫长的沿海国家，《公约》所建立的法律制度，中国也是受益者，如领海宽度、直线基线制度、专属经济区和大陆架制度及沿海国对其中自然资源的主权权利、海洋科学研究、公海自由等。在国际海底区域制度方面，中国已对包括多金属结核、富钴结壳和热液硫化物在内的3种“区域”资源，取得了3块具有专属勘探权和优先商业开采权的合同，即将取得第4块合同区。根据《公约》设立的海洋法法庭、国际海底管理局和大陆架界限委员会等国际组织和机构，都有中国籍的法官、委员和成员。

比较《公约》与中国的海洋权益和利益，《公约》是当时历史条件下所能取得的最好成果。

二、《公约》对南海仲裁案的影响

从今天看来，《公约》的很多方面并不完美，存在着诸多模糊之处和灰色地带，成为美国等国搞全球海洋霸权的借口，也逐步触发了中国周边潜在的海洋问题。

《公约》第十五部分“争端的解决”和附件七“仲裁”，成为美国导演、菲律宾登台的南海仲裁案的法律抓手。菲律宾将中菲之间在南海的岛礁领土主权和海洋划界问题，包装成《公约》的解释和适用问题，采用突然袭击的方式，于2013年1月19日通过一纸通知，启动《公约》附件七的仲裁程序。2014年12月，中国政府发表《中华人民共和国政府关于菲律宾共和国所提南海仲裁案管辖权问题的立场文件》（以下简称《立场文件》），详细阐述了仲裁庭对菲律宾共和国所提南海仲裁案没有管辖权。

《立场文件》指出，菲律宾提请仲裁事项的实质是南海部分岛礁的领土主权问题，不涉及《公约》的解释或适用。通过谈判方式解决在南海的争端是中菲两国之间的协议，菲律宾无权单方面提起强制仲裁。即使菲律宾提出的仲裁事项涉及有关《公约》解释或适用的问题，也构成海域划界不可分割的组成部分，已被中国2006年声明排除适用有关强制争端解决程序，不得提交仲裁。中国自主选择争端解决方式的权利应得到充分尊重，中国不接受、不参与菲律宾提起的仲裁具有充分的国际法依据。菲律宾单方面提起仲裁的做法，不会改变中国对南海诸岛及其附近海域拥有主权的历史和事实，不会影响中国通过直接谈判解决有关争议以及与本地区国家共同维护南海和平稳定的政策和立场。

然而，仲裁庭无视中国的立场，在“中国不接受、不参与”的情况下，于2015年10月29日，裁决对南海仲裁案具有管辖权。2015年11月25日，仲裁庭开始审理实体问题，于2016年做出最终裁决。

《公约》和附件七设计的仲裁程序，使一国可以单方面启动争端的强制解决机制。菲律宾正是利用了这一点，提起南海仲裁案。即便中国不接受、不参与，仲裁程序也不会终止。

三、退出《公约》的利弊之辩

毋庸讳言，《公约》的某些规定和内容于我国不利。根据《公约》及仲裁庭的程序规则，争端一方向他方发出书面通知，即可启动仲裁程序；对案件是否有管辖权，由仲裁庭裁定；一方不到庭也不妨碍仲裁程序的进行；仲裁庭的裁决具有确定性，不得上诉，而争端各方（不论到庭参加仲裁与否）均应遵守。尽管中国明确表示“不接受、不参与”菲律宾主演的这场仲裁闹剧，但美国、菲律宾等国已经在鼓噪中国有义务遵守仲裁庭的最终裁决。

国内外学者都曾提出过中国退出《公约》的问题。当下，“仲裁连续剧”愈演愈烈，退出《公约》的声音又有回声：既然《公约》关于争端解决的规定于我国不利，中国何不退出《公约》？也有美国学者提出，如果中国退出《公约》，南海周边国家也无可奈何。

退出《公约》可以回避实体裁决对我国的伤害，也可一劳永逸地关闭在《公约》体系下通过司法或准司法手段解决争端的大门。然而，《公约》是当年中国带领第三世界发展中国家与海洋霸权斗争的成果。今天，在《公约》框架下，中国与广大发展中国家的利益依然具有较大的一致性，在《公约》缔约国大会、海洋和海洋法问题磋商、200海里外大陆架划界、国际海底区域、公海保护区等诸多场合协调立场，互相支持。当值亚太地区的海洋秩序正酝酿着深刻调整的变革时期，中国作为联合国五大常任理事国之一的负责任大国，作为有全球影响力的第二大经济体，退出具有普遍性的《公约》，自外于国际海洋法律秩序是难以想象的。迄今为止还没有任何国家，特别是大国退出《公约》。

中国是陆海兼备的人口大国，在海洋上有广泛的战略利益，丰富的海洋自然资源和巨大的生态系统服务价值是国家经济社会发展的重要基础和保障，公海、国际海底区域和南北两极是我国建设海洋强国重点关注的战略方向。《国家安全法》强调，坚持和平探索和利用国际海底区域和极地，增强安全进出、科学考察、开发利用的能力，加强国际合作，维护我国活动、资产和其他利益的安全。“十三五”规划建议提出积极参与深海、极地等新领域国际规则的制定。中国已经具备了大规模开发利用海洋、向海洋寻求发展空间的能力以及为解决国家21世纪的粮食、水资源和能源安全等问题做出贡献的经济技术能力。随着我国参与经济全球化和区域经济一体化程度的不断加深，海洋越来越多地涉及我国的战略利益，牵动着我国的经济命脉，影响着我国的安全和社会稳定。当前的海洋问题，固然与《公约》有关，但更是各种因素交织、各种力量博弈的结果，是新兴大国发展过程中避不开、绕不过的问题。这些问题不是《公约》所直接导致的，也不是退出《公约》所能回避或解决的。

在谈判制定《公约》的过程中及执行《公约》的历史进程中，中国一直是发挥作用的重要一方，并将发挥越来越重要的作用。中国退出《公约》，一不能从根本上解决南海问题，二将损及大国形象、造成消极评价和影响，三将涉及诸多具体的利益和现实问题，实乃牵一发而动全身，代价过大，得失不成比例。因而，退出《公约》不是解决问题的良策。

（2015年12月9日）

海洋：世界政治与经济的“角力场”

——“海洋世纪”首个十年国际海洋形势综述

张海文

进入21世纪已有十年。蓦然回首，跨世纪之际关于“海洋世纪”的讨论之声仍萦绕耳边。沧海桑田，国际海洋形势正发生着深刻而复杂的变化。

一、越来越多的国家积极参与国际海洋事务

进入新世纪前后，海洋事务越来越受到国际社会的普遍关注。在即将进入21世纪之际，世界上多数国家已批准了《联合国海洋法公约》（简称《公约》）。截至2000年12月31日，1994年开始生效的《公约》已有134个缔约方。《公约》被广泛接受，意味着它所确立的原则、制度和规则已成为规范全人类所有海洋活动的成文国际法，成为名副其实的“海洋宪章”。各国在批准《公约》之前或之后，纷纷制定或修改本国海洋法规、海洋战略或海洋政策，极大地扩展本国的海洋管辖权，掀起了一轮“海洋圈地运动”。与之同时，“海洋”也成了联合国等国际性、地区性组织或机构在世纪之交一个热门的“关键词”。世纪之交，古老的海洋被赋予了崭新的使命和内涵。由此，21世纪被称为“海洋世纪”。

回顾“海洋世纪”的前十年，海洋问题得到全球性前所未有的关注。越来越多的国家积极参与到国际海洋事务中来。截至2011年12月31日，《公约》共有缔约方162个，扣除欧盟等国际组织性质的缔约方，《公约》成员国的数量约占联合国193个会员国的84%。美国等少数国家虽然迄今尚未批准《公约》，但也颁布了新的海洋立法、海洋战略和政策，海洋早已经是他们高度重视和深度参与的领域之一。

二、全球海洋发展总体态势是“双轨并行”

当前，全球海洋发展的总体态势是“双轨并行”，即竞争与合作交织、

挑战与机遇并存。海洋已经成为国际政治、经济与军事斗争的重要舞台，也为人类发展海洋科技、探索海洋奥秘、应对气候变化和海洋环境退化等问题提供了广阔的合作领域与空间。进入新世纪以来，以控制世界上具有战略意义的海洋通道为重点内容的传统海洋争夺战已经发展成为全球性的全方位海洋博弈。围绕着控制海洋空间和战略性资源、抢占海洋科技“制高点”、创设新的国际海洋法律规则、广泛开展海洋合作等方面，国际海洋斗争与合作交织发展，国际海洋形势更加复杂多变。

从沿海国角度看，各国普遍重视海洋事业的发展，积极参与国际海洋事务。已有20多个沿海国家发布明确的国家海洋战略，制定有关海洋权益、海洋资源和海洋环境等方面的国家海洋政策，其中有的还颁布了新的海洋法规。一些沿海国通过扩展其200海里以外大陆架管辖范围（简称“外大陆架划界案”）、申请国际海底区域新矿区、加强在南北两极的实质性存在、设立各种名目的海洋保护区等方式，不断拓展海洋利益，形成世界海洋的“新热点”。以大陆架为例，目前，所有的沿海国都已经主张200海里大陆架管辖范围，各国所主张的大陆架总面积约为1.1亿平方千米，约占全球海洋的海床和底土总面积的31%。除此之外，根据《公约》规定，拥有宽大陆架的国家还可以对200海里以外大陆架提出权利主张，并需要依据《公约》相关条款划定其大陆架最大的外部界限。目前，已经有49个国家向联合国大陆架界限委员会提交了共56个外大陆架划界案，所主张的外大陆架总面积超过2 500万平方千米。

从沿海国管辖海域之外的公海和国际海底区域角度看，正上演着一场全球化的“立体式”海洋竞争与合作。根据《公约》规定，世界海洋被分为水体与海床底土两个不同的部分，即公海与国际海底区域。公海和国际海底区域具有不同的法律地位，实行的是不同的国际法律制度。历经数百年的公海自由正受到前所未有的挑战。一些西方大国纷纷在公海设立特别保护区、渔业捕捞管制区等，试图借保护公海生态与资源之名，达到分割圈占公海的目的。进入新世纪，世界深海高新科技领域的发展非常迅猛，多金属锰结核、富钴结壳和多金属硫化物等深海矿产资源勘探调查继续深入，包括深海载人潜器在内的深海科技快速发展；与此同时，深海生物基因资源成为了“新宠”。预防和防止深海生物基因资源勘探开采活动对国际海底区域生态环境造成可能影响的问题，已经成为新世纪前十年联合国框架下的焦点之一，相关国际海洋法律规则正在酝酿过程中。

南北极地区是影响全球气候变化的关键区域之一。北极是海洋油气和渔业等资源的宝库，也是世界大国战略争夺的空间。俄罗斯、美国和加拿大等环北极国家依据地缘优势，试图不断强化其在北极的海洋权利主张和军事控制，加强对北极地区外大陆架的圈占，并利用北极理事会等地区性机制抵制非北极国家的介入。与此同时，全球变化导致南北极地区所面临的自然与环境问题、南北极科学研究问题等也为广泛的国际合作提供了极大的空间和机遇。

三、联合国提出以发展“蓝绿经济”为核心的海洋发展之路

国际海洋事务的变化与发展为国际社会提供了新的合作领域与机遇。围绕应对海洋与全球气候变化、海洋自然灾害的预警预报、加强海洋生态与环境保护、促进海洋科技发展、深入探索南北两极和深海等问题，全球海洋合作与发展方兴未艾。2011 年，联合国提出了以发展“蓝绿经济”为核心的海洋发展之路。保护海洋环境、支撑绿色经济、改善海洋行政管理、增强可持续利用海洋的能力，已经成为当代海洋发展的主线。

（2016 年 1 月 21 日）

国际法在解决海洋争端中的作用

贾　宇　密晨曦

海洋法是传统国际法的重要组成部分。20世纪以后，国际海洋法的原则和规则日臻完善。1973—1982年联合国主持召开的第三次海洋法会议签署的《联合国海洋法公约》（以下简称《公约》）是国际法和海洋法领域最重要的国际公约之一。《公约》强调应和平解决国家间海洋争端，对建立国际海洋新秩序具有重要的意义。运用包括《公约》在内的国际法，和平解决国际海洋争端，既是联合国宗旨的重要体现，又是避免海上矛盾升级的重要手段。

一、海洋划界成为全球主要海洋争端

一般而言，海洋争端涉及岛礁主权归属、海洋划界和资源开发等方面问题。海洋权利的行使和海洋利益的维护需以海洋疆界为基础，海洋划界成为目前各沿海国面临的主要海洋争端问题。

据统计，全世界各沿海国间约有400条不同性质的海洋边界有待划定。海洋划界是一种国家政治和法律行为，是沿海国维护海洋权益的前提与保证，关系到国家主权、安全和长远发展，受到沿海国的普遍重视。

海洋划界一般包括领海划界、专属经济区划界和大陆架划界。其中，200海里以内的大陆架划界和200海里以外大陆架外部界限的确定所适用的制度和方法有所不同。海洋划界的国家实践、司法判例和裁决为解决海洋边界问题提供了多种可供选择的模式。

二、和平解决国际争端是《公约》的基本原则

《公约》规定了领海、毗连区、专属经济区、大陆架等方面的内容，在法律地位上赋予各不同海域以不同的地位，强调各国应自主安排解决争议，鼓励当事国协议解决其间的海洋争端。

和平解决国际争端是当代国际法的一项基本原则。《公约》尊重缔约国之间的协议，强调任何缔约国都有权依据协议用自行选择的任何和平方法解决相互间有关《公约》的解释或适用的争端，禁止使用武力威胁或使用武力以及其他非和平的方法解决争端。

《公约》关于和平解决国际争端的精神也体现在有关海洋划界等方面的条款中。第15条关于领海划界、第74条关于专属经济区划界、第83条关于大陆架划界等条款均明确规定，相关海洋界限应在国际法院规约第38条所指国际法的基础上协议划定。《公约》第74条和第83条还规定，在达成划界协议前，有关各国应基于谅解和合作的精神，尽一切努力作出实际性的临时安排，在此过渡期间内，不危害或阻碍最后协议的达成，并且此种安排应不妨害最后界限的划定。

三、国际司法机构成为解决海洋争端的主力军

当前，处理海洋争端的国际司法机构主要有国际法院、国际海洋法法庭和常设仲裁法院。据不完全统计，自20世纪初设立国际司法机构以来，已有几十个海洋争端经由国际司法机构判决或仲裁。国际司法机构在和平解决海洋争端方面发挥着重要的作用。

国际法院作为联合国的主要司法机关，在国际争端的解决方面发挥着重要的作用。国际法院是依据《联合国宪章》设立的国际司法机构，主要功能是根据《联合国宪章》及有关国际条约，对各国自愿提交的争端作出判决，或为联合国其他机构提出的法律问题提供咨询意见。据统计，国际法院受理的海洋争端案件，约占其审理案件总量的20%。在国际法和海洋法的发展史上占有一席之地的著名案例，如1969年北海大陆架案、1982年突尼斯—利比亚大陆架案等，皆出自国际法院。

国际海洋法法庭是专门的国际性法院，是《公约》有关争端解决机制中最重要的组成部分。国际海洋法法庭是在总结海洋法争端解决的历史经验基础上建立的，对海洋争端具有一般的管辖权。应国际海底管理局理事会的请求，2011年2月1日，国际海洋法法庭就担保国责任和义务等问题（国际海洋法法庭第17号案）发表了咨询意见，这是国际海洋法法庭海底争端分庭审理的第一个案件，也是法庭第一次发表咨询意见。在审理过程中，中国政府向国际海洋法法庭递交了关于担保国责任和义务等问题的书

面意见，表达了中国在此问题上的立场和观点。2012年3月14日，国际海洋法法庭对缅甸和孟加拉国在孟加拉湾的海域划界争端作出了最终裁决。这是国际海洋法法庭审理的第一起海域划界案，必将成为国际海洋法法庭历史上最为重要的标志性案例。缅孟两国都表示接受法庭的裁决，这标志着两国长达38年的海域划界争端的最终解决。

根据1899年《海牙和平解决国际争端公约》，常设仲裁法院于1900年在荷兰海牙正式成立，它的目标和任务是“便于将不能用外交方法解决的国际争议立即提交仲裁”。自1902年常设仲裁法院开始受理案件以来，共处理或裁决了约10个案件。

四、国际司法机构的判决或被其后案例所援引

国际司法机构作出的判决或仲裁虽对其他国家没有直接的约束力，但可能被其后的相似判决所援引。前一案中所采用的海洋划界方法，在相似情形的其他海洋划界案中常常被引用，对判决结果产生影响。

1969年北海大陆架划界案中认定“海岸的一般构造以及任何特殊或异常特征的存在”是划界应考虑的因素。1971年在北海地区签订的5个大陆架划界协定就参考了国际法院的判决，充分考虑了联邦德国海岸凹陷的特征。在1985年几内亚—几内亚比绍海洋划界仲裁案中，海岸线的一般走向和西非海岸的一般形状也成为影响海洋划界的因素。

总的来说，《公约》等国际法或协定将国家间在海上的权利与义务用法律的形式确立下来，赋予其法律拘束力，由各国自愿承认和遵守，有利于防止因海洋争端而引发冲突或战争，有利于促进和平用海和海上秩序的协调发展，对维系国家间的友好关系、维护世界和平与发展具有积极的作用。

（2012年8月15日）

日本非法命名岛屿意欲何为

疏震娅

2012年伊始，日本在钓鱼岛问题上动作频频。日本对钓鱼岛部分附属岛屿的非法命名行为更是导致中日钓鱼岛问题再次升温。钓鱼岛及其附属岛屿是中国的固有领土，但日本采取命名钓鱼岛部分附属岛屿的手段意在进一步加强对钓鱼岛的管控，以便在交由第三方判决或裁决时，获得国际法效力。国际法院关于尼加拉瓜与洪都拉斯岛礁归属和海洋划界案、马来西亚和新加坡白礁主权归属案的判决，对中国面临的钓鱼岛问题有严肃的警示意义。

离岛意指远离主体的岛屿。日本把除北海道、本州、四国、九州之外的岛屿称作离岛。根据《联合国海洋法公约》，符合规定的岛屿可拥有专属经济区和大陆架，凸显离岛的存在价值。2007年4月，日本国会审议通过其海洋法制建设的“母法”——《海洋基本法》，其主要内容之一就是“保全离岛”。2010年，日本根据其《海洋基本法》制定了3项法律文件，形成离岛立法。日本离岛立法的主要内容是通过保护确定专属经济区和大陆架外缘的基点，来“保全和利用日本专属经济区和大陆架”。

按照日本政府的说法，积极推动离岛命名工作，是为推进“新海洋立国”的大战略、实现“离岛法制”化的目标。日本声称，目前可作为其专属经济区依据和基点的离岛共有99个，截至2011年5月，尚有49个未被命名。日本政府根据地方自治体以及地方渔业协会等当地人对岛屿的称呼，已在2011年5月底前对其中的10个岛屿进行了命名。2012年1月16日，日本政府又高调宣称于3月完成对确定专属经济区基点的39个无名离岛命名工作，其中包括钓鱼岛部分附属岛屿。3月2日，日本内阁综合海洋政策本部公布这39个离岛的名称。

一、非法命名意在加强对钓鱼岛的行政管辖

根据离岛立法，日本政府对已命名的离岛可进一步加强各种调查和管

理，特别是实施包括保护“离岛低潮线”在内的“护岛工程”，向国内外宣示日本领海的范围，并趁机扩张大陆架及专属经济区的面积。可见，日本采取“无主”离岛“国有财产化”的手段，意在加强对钓鱼岛的行政管辖，实施中日钓鱼岛主权争端的战略布局。日本此次命名行为，首先是想强化“主权”主张。2010年钓鱼岛撞船事件后，中国加强了在该海域的巡航执法。在此形势下，日本认为需要进一步“强化管理”相关岛屿。通过调查，日本发现在以往的行政文件中没有确定钓鱼岛部分附属岛屿的正式名称。而通过给这些岛屿命名，可以向国际社会宣示日本对这些岛屿拥有主权。因此，命名钓鱼岛部分附属岛屿是企图体现具有国际法效力的实际控制和有效管理。同时也是为将部分外缘岛屿作为领海基点、为确定日本的领海基线、扩张其在东海的大陆架和专属经济区做准备。

日本此次命名行为也是为迎合美国重返东亚。日本命名钓鱼岛部分附属岛屿是对美国“重返亚洲”战略的呼应。钓鱼岛撞船事件致使中日关系跌入低谷。日本力图通过加剧钓鱼岛争端的紧张程度，让表示“应该维持钓鱼岛现状”的盟友美国给予关注，以形成日美军事同盟的共同诉求。日本现任政府为深化美日同盟，极力配合美国“重回亚洲”的战略，实现日本防卫战略和军事部署的调整，尤其是加强针对中国的西南诸岛防卫的战略部署。

二、现有海洋领土争端判例警示中国钓鱼岛问题

日本采取命名钓鱼岛部分附属岛屿的手段，进一步加强对钓鱼岛的管控，在交由第三方判决或裁决时，都具有重要的国际法效力。国际法院关于尼加拉瓜与洪都拉斯岛礁归属和海洋划界案、马来西亚和新加坡白礁主权归属案的判决，对中国面临的钓鱼岛问题有严肃的警示意义。两案判决的主要依据是，国家对争议岛屿的“实际控制”和“有效治理”。这是国际法院判决争议岛礁主权归属的关键因素。

最近几年来，中日关系呈现出“易碎性”，一个突发事件就能让两国关系陷入冰点。为了稳定周边促发展，中国历来不制造、不主动挑起海洋争端，日本则是不断蓄意挑衅。2012年新年伊始，日本不顾历史和现实，单方面对钓鱼岛部分附属岛屿命名，给两国关系又平添波折。在中日邦交正常化40周年之际，钓鱼岛问题或可导致两国关系出现严重倒退。中日两

国进一步深化战略互惠关系仍面临诸多考验，两国互信有待夯实，危机应对机制亟待完善。

钓鱼岛问题非常特殊，是历史遗留问题，是中华民族近几百年来屡遭侵略和蹂躏的耻辱见证。钓鱼岛历来牵动着中华民族广大民众的民族情感，关乎中国的领土主权。

三、钓鱼岛及其附属岛屿是中国固有领土

众所周知，钓鱼岛及其附属岛屿是中国的固有领土。1895 年被日本占领，第二次世界大战之后由美国托管，1971 年日美签订“归还冲绳协定”时，这些岛屿也被划入“归还区域”交给日本。1972 年，中日两国在恢复邦交的谈判中，同意将钓鱼岛主权归属问题搁置，留待以后条件成熟时解决。为顾及中日关系大局，中国历来不主动挑起海洋争端，日本则一再蓄意挑衅，挑战中国底线。

面对日本顽固坚持履行命名程序的局面，中国政府多次交涉，坚决反对日本对钓鱼岛部分附属岛屿的非法命名。2012 年 3 月 3 日，根据《中华人民共和国海岛保护法》，国家海洋局对中国海域海岛进行了名称标准化处理。经国务院批准，国家海洋局、民政部公布了钓鱼岛及其部分附属岛屿在内的 71 个岛屿的标准名称、汉语拼音和位置描述，这是中国政府对拥有主权的岛屿行使正常行政管理权力。

（2012 年 3 月 9 日）

开启法治海洋新征程

密晨曦

蔚蓝的海洋是生命的摇篮，是资源的宝库，又是战略的要地，交通的命脉。当今世界，“向海洋进军”越来越成为各个国家和地区寻求新的战略空间、支撑未来发展、抢占经济制高点的重大战略选择。

我国拥有1.8万千米海岸线和广袤的管辖海域。新中国历届党和国家领导人均心系海洋事业的发展。特别是党的十八大报告明确指出：“提高海洋资源开发能力，发展海洋经济，保护海洋生态环境，坚决维护国家海洋权益，建设海洋强国。”“海洋强国”目标首次纳入国家战略层面，海洋上升至前所未有的战略高度。习近平总书记在2013年7月30日中共中央政治局第八次集体学习时强调，建设海洋强国是中国特色社会主义事业的重要组成部分。要提高海洋资源开发能力、保护海洋生态环境。要进一步关心海洋、认识海洋、经略海洋，推动我国海洋强国建设不断取得新成就。

2013年10月，习近平主席提出愿同东盟国家发展好海洋合作伙伴关系，共同建设21世纪“海上丝绸之路”的倡议。这是党中央站在历史高度、着眼世界大局、面向中国与东盟合作长远发展提出的重要战略构想，对于深化区域合作、促进亚太繁荣、推动全球发展具有重大而深远的意义。

在党和政府的关心支持下，我国在海洋立法、开发海洋、利用海洋、保护海洋、管控海洋等方面取得了长足发展。但在完善海洋法制建设、加强海上规范执法、保护海洋生态环境，提高国民海洋意识，维护国家海洋权益等方面，还有众多问题亟待解决。

2014年10月23日，中国共产党第十八届中央委员会第四次全体会议在北京闭幕。会议审议通过了《中共中央关于全面推进依法治国若干重大问题的决定》。这是我党第一次以“依法治国”为主题的中央全会，是我党第一个关于加强法治建设的专门决定。该决定明确提出了全面推进依法治国的总目标、重大任务，全面设计了构建法治中国的宏伟蓝图，开启了建设法治中国的新征程。

建设海洋强国是建设中国特色社会主义的重要组成部分，但最终要通过法治来实现。党的十八届四中全会提出全面推进“依法治国”同样开启了法治海洋的新征程。

“依法治国”有利于加强海洋法制建设，促进海洋立法工作。法律是治国之重器，良法是善治之前提。建设中国特色社会主义法治体系，必须坚持立法先行。推动《海洋基本法》等法律法规的出台，开展在极地、深海、远洋等领域的立法，对海洋开发管理、海洋权益维护和国际形象的树立，均有着迫切而重要的意义。全面推进“依法治国”有利于不断完善海洋法律体系，做到有法可依。

“依法治国”有利于规范海上作业活动，加强海上执法管理。十八届四中全会从依法履职、依法决策、严格执法、加强监督、公开透明等几个方面对建设法治政府作出了全面部署。这也适用于海洋管理和执法。全面推进“依法治国”有利于不断完善海上执法制度、规划和标准建设，加强执法管理和监督，做到依法管海。

“依法治国”有利于保护海洋生态环境，促进海洋经济发展。海洋生态环境是沿海经济社会发展的基础，是国家海洋经济可持续发展的前提。党的十八大提出“五位一体”总体布局，把生态文明建设提高到前所未有的战略高度。十八届四中全会继续将“法治”理念贯穿于海洋生态文明建设和海洋生态环境保护的全过程。全面推进“依法治国”有利于推进海洋环保法治建设，切实将海洋环保工作纳入法治化的轨道，从而促进海洋经济的发展，做到依法用海。

“依法治国”有利于增强全民法治观念，提高全民海洋意识。法律的权威源自人民的内心拥护和真诚信仰。人民权益要靠法律保障，法律权威要靠人民维护。全面推进“依法治国”有利于加强法治海洋的宣传和海洋知识的普及，提高全社会树立海洋法治意识，做到全民知海爱海。

“依法治国”有利于维护我国的海洋权益，保障国家安全和区域稳定。当今世界，随着海洋在沿海国家战略全局中的地位凸显，各国以维护和拓展海洋权益为核心的海洋综合实力竞争愈演愈烈，我国在维护国家海洋权益上面临的挑战将越来越多。全面推进“依法治国”，有利于维护中国海上安全和区域稳定，有利于强化对我国管辖海域的定期维权巡航执法，有利于完善海上维权执法协调配合机制，做到保海护海。

21 世纪是海洋开发、利用和保护的世纪。在推进海洋战略的过程中，法治已成为规范海洋资源开发利用和海洋防务安全的重要保障。用法治的力量护航海洋强国建设，这是海洋强国建设之必需，是实现伟大的“中国梦”之必要，是实现依法治国之必然。全面推进依法治国，为我国海洋强国的建设创造了良好的法制环境，为法治海洋建设开启了新的征程。

（2014 年 12 月 4 日）

谎言永远无法掩盖事实
——日本外务省和共同社就日本大陆架延伸申请获得大陆架界限委员会建议的发言和报道严重失实

张海文　丘　君

2012年4月，日本外务省和媒体报道的所谓大陆架界限委员会认可冲之鸟礁是作为划定大陆架区域的基点，即冲之鸟不是“礁”而是“岛”的说法完完全全是一个谎言。日本外务省显然是在故意混淆事实，企图达到偷梁换柱误导世人的目的，这些举动恰好反映出了日本不甘心其指礁为岛的企图的失败。

一、相关背景情况

《联合国海洋法公约》（以下简称《公约》）第76条规定，沿海国陆地领土向海洋的自然延伸如果超过其领海基线200海里以外的，可以主张200海里以外的大陆架（简称“外大陆架”）。对外大陆架提出权利要求的沿海国，须根据《公约》所规定的一系列科学技术标准编制关于划定其外大陆架外部界限的信息资料（简称“外大陆架划界案”），提交给大陆架界限委员会（简称“委员会”）。委员会对沿海国所划定的外大陆架外部界限是否具有充分的科学技术和法律依据进行审议，然后以“建议”的方式对沿海国划界案作出认可或否定的决定。

2008年11月，日本向委员会提交了关于外大陆架划界案。日本划界案共包括7个外大陆架区块，总面积超过74.7万平方千米。其中，日本以冲之鸟礁为基点主张了面积约25.5万平方千米的外大陆架（即九州-帕劳洋脊南部，KPR区块）。日本以冲之鸟为基点提出了外大陆架划界案，其前提必须是冲之鸟拥有200海里专属经济区和大陆架的权利基础。意味着日本以总面积不足10平方米的两个礁石主张了总面积共约为70万平方千米的专属经济区和大陆架，其中包括面积超过43万平方千米的200海里专属经济区和大陆架，以及面积约为25万平方千米的200海里以外大陆架。

根据《公约》第121条第3款规定，“不能维持人类居住或维持其自身经济活动的岩礁不应有专属经济区和大陆架”。冲之鸟礁是位于西太平洋的九州-帕劳洋脊（日本称为“九州-帕劳海岭”）上的2块孤零零的礁石，高潮时露出海面的总面积不足10平方米。为了这两块岩石不至于被海水冲刷侵蚀而消失，多年来日本不惜花费巨资对这两块礁石进行保护性的加固建设。很显然，冲之鸟礁不具有主张200海里专属经济区和大陆架的权利基础，更不可能拥有200海里以外的大陆架。因此，在日本提交划界案之后，中国和韩国多次向委员会提交外交照会，明确请求委员会不应审议和认可日本划界案中以冲之鸟礁为基点所划定的外大陆架最外部界限。否则，就相当于默认了冲之鸟礁拥有专属经济区和大陆架的权利。

2009年，委员会成立了小组委员会着手审议日本划界案。经过反复讨论，考虑到中韩两国的反对意见，委员会第24届会议作出决议，决定全体会议将对小组委员会审议后拟定的涉及冲之鸟礁部分的建议“不采取行动”，即不予审议，“除非委员会另有决定”。2012年4月，委员会完成了对日本划界案的全部审议工作并作出最终的建议。

根据委员会工作程序，委员会及时将其建议通报给日本。对此，日本外务省和共同社分别进行了发言和报道。日本外务省的发言和共同社的报道充满着欢欣鼓舞之气势，大有日本在划定外大陆架和冲之鸟礁问题上大获全胜的意味。殊不知，上述发言和报道的内容充满自相矛盾之处，与实际情况大相径庭，所谓“中国认为是岩礁的日本最南领土冲之鸟被委员会认可为基点”的说法纯属谎言。

二、日本外务省就委员会对日本划界案作出建议的发言严重失实

根据相关规定，委员会在完成审议工作后，除了立即向划界案提交国提供建议全文之外，将在随后时间里向国际社会公布建议摘要和主席声明。目前我们即使尚未看到建议摘要和主席声明，但是，对照日本外务省发言、共同社报道及其附图和委员会网站所公布的日本划界案执行摘要这3个方面的资料，我们能够清晰地还原出被日本刻意掩盖或歪曲的一些事实。

2012年4月28日，日本外务省官员就日本大陆架延伸申请获得大陆架界限委员会（简称“委员会”）建议事发表谈话（简称“外务省发言”），共包括以下4点内容：①4月27日，大陆架委员会对日本国关于大陆架延伸申请作出了建议；②委员会对日本国提交的共7个区块之中的6个给出了建议，其中包括冲之鸟岛北部的四国海盆区块，日本国将冲之鸟岛作为基点的主张得到委员会的认可；③委员会决定推迟对九州–帕劳海岭南部区块的审议。日本国将努力推动委员会早日开展审议；④总体上看，委员会的建议使日本向海洋权益的扩充迈出了重要一步。

日本共同社随即对此事予以报道，称日本提交的总面积达31万平方千米的4个大陆架延伸区域获得联合国批准。报道还着重强调，中方认为日本最南端的冲之鸟礁是“岩礁”也被列为划定大陆架的定点之一，证明联合国已将其认定为“岛屿”。

外务省发言的实质性内容是其中的第2点和第3点，这两点内容看似说了两个不同的区块，似乎相互之间是不相关的，实际上如果将这两点内容与其他相关信息联系起来看，就可以清楚地看出日本外务省刻意散发的虚假信息。

（一）以冲之鸟礁为基点划定的外大陆架区块没能得到委员会的建议

外务省发言第2点内容的第一句是，“委员会对日本国提交的共7个区块之中的6个给出了建议”，此处产生了2个问题：第一个问题是，没有得到委员会建议的区块究竟是7个区之中的哪一个区块？第二个问题是，委员会为何不对该区块给出建议呢？如果单纯地从外务省发言第2点内容看，似乎无法回答上述问题。不过，如果将以下4个方面信息结合起来，即外务省发言第3点、共同社的报道和图片、委员会网站上所公布的日本划界案执行摘要和委员会第24届会议曾经就冲之鸟问题所作出的决议，我们就可以清楚地找出问题的答案了。

首先，外务省发言第2点没有说明未得到建议的区块的具体名称，不过该发言的第3点明确地指出了“委员会决定推迟对九州–帕劳海岭南部区块的审议”；其次，日本共同社4月27日的报道及其所附的图片也说明了未能得到委员会建议的区块是“九州–帕劳海岭南部区块”。据此，上述第一个问题就有了答案。

其次，这个区块有何特殊之处，以至于不能与其他 6 个区块一样得到委员会建议的原因何在呢？此问题的答案就在日本提交给委员会的划界案执行摘要中。日本划界案执行摘要第 4 页列举了日本所划定的 7 个外大陆架区块。位列其首的就是外务省发言第 3 点所称的“九州–帕劳海岭南部海域”（KPR 区块），而且这是以冲之鸟礁为基础主张的唯一区块。执行摘要第 6 页附图可见该区块自冲之鸟礁往南延伸；第 7 页第 2 段文字明确描述了该区块“构成日本陆地领土冲之鸟岛的自然延伸”。

最后，委员会曾于第 24 届会议作出决议。委员会充分考虑到国际社会对冲之鸟礁不具有主张 200 海里权利基础的严重关切，决定暂不审议涉及冲之鸟部分的划界案。

据此，上述两个问题的答案都很明显了，即外务省发言第 2 点所回避的未能得到委员会建议的区块，事实上就是其第 3 点所说的“九州–帕劳海岭南部区块（KPR 区块）”；执行摘要内容回答了该区块得不到委员会建议的原因，即该区块是以冲之鸟礁为基点划定的；而委员会对冲之鸟是否具有主张 200 海里权利基础问题是持非常谨慎的立场。因此，委员会没有对日本划界案中以冲之鸟为基点划定的外大陆架区块给出建议。

（二）“中国认为是岩礁的日本最南领土冲之鸟被委员会认可为基点”的说法不符合事实

日本外务省发言第 2 点称，“委员会对日本国提交的共 7 个区块之中的 6 个给出了建议，其中包括冲之鸟岛北部的四国海盆区块，日本国将冲之鸟岛作为基点的主张得到委员会的认可”。

单从上述内容看，似乎四国海盆区块是以冲之鸟礁为基点划定的外大陆架，并得到了委员会的认可，由此推导出冲之鸟是拥有大陆架权利的“岛屿”。一般公众很容易相信上述推理。但是，事实真相并非如此。

如上所述，从日本划界案执行摘要可以看出，唯一一个明确以冲之鸟为基点划定的外大陆架区块是“九州–帕劳海岭南部海域”（KPR 区块）。该执行摘要第 22 页就四国海盆区块（SKB 区块）作了详细描述。该区块是由东、西两个海底单元组成，东侧部分是伊豆–小笠原岛弧，西侧部分包括大东海脊、冲大东海脊和九州–帕劳洋脊等在内的相互连接的地貌单元。在上述岛弧和洋脊上有许多岛屿，包括东部的鸟岛、西部的北大东岛、冲大东岛、北部的日本九州本岛以及南部的冲之鸟礁。

不仅执行摘要明确说明了，而且从科学技术资料也完全可以证明，四国海盆的外大陆架并不是以冲之鸟为基点延伸出来的，该区块的存在与冲之鸟的存在与否可以说是完全没有关系。由此可以得知，委员会对四国海盆区块作出认可的建议，是基于该区块完全可以脱离冲之鸟礁而存在的海底地质自然条件情况，绝不是以冲之鸟礁作为划定该区块的基点。由此可以看出，日本外务省为了制造所谓的大获全胜的气氛确实是费尽心机，该发言第 2 点故意专门点出四国海盆与冲之鸟之间的地理位置关系，不顾委员会未认可冲之鸟作为划定大陆架基点的事实，也不顾与该发言第 3 点内容之间的自相矛盾，不惜捏造出了所谓的“日本国将冲之鸟岛作为基点的主张得到委员会的认可”说法。

试问，如果真如日本外务省所说的那样，委员会已经认可冲之鸟是划定外大陆架界限的定点的话，那么委员会为何要推迟对以冲之鸟为基点所划出的对九州-帕劳洋脊区域作出建议？很显然，委员会正是考虑到中国和韩国所提出的异议，从维护国际社会整体利益角度出发，采取了非常谨慎的立场，才没有轻易地对该区块进行审议并作出明确建议，这意味着委员会并未认可日本对冲之鸟的权利主张。此举恰恰证明日本外务省和媒体报道的所谓委员会认可冲之鸟礁是作为划定大陆架区域的基点，即冲之鸟不是“礁”而是“岛”的说法完完全全是一个谎言。日本外务省显然是在故意混淆事实，企图达到偷梁换柱误导世人的目的。而共同社报道所称的“中国认为是岩礁的日本最南领土冲之鸟被委员会认可为基点”的说法同样是完全不符合事实。

三、日本外务省就委员会对日本划界案作出建议的发言有损于委员会的公正和权威性

将日本外务省的发言、共同社报道及其附图、日本划界案执行摘要文字和图件及委员会第 24 届会议决议等各方面信息结合起来分析，可以清楚地得知，委员会对日本划界案的审议及建议是非常谨慎和明智的。委员会依照《公约》相关规定及其相关规则，妥善地处理了维护日本作为缔约国依据《公约》可获得的合法权利与维护国际社会整体利益之间的平衡关系。委员会对于日本划界案分别作出了 3 类建议：其一，委员会认可了 4 个区块，即冲大东区块、四国海盆区块、南硫磺岛区块和小笠原海台区

块；总面积为31万平方千米，占日本所申请的外大陆架总面积的42%左右。其二，委员会完全否定了2个区块，即茂木海台区块和南鸟岛区块，总面积为18万平方千米左右。其三，委员会对1个区块作出推迟审议的决定，即唯一一个以冲之鸟礁为基点所划定的“九州-帕劳海岭南部海域”（KPR区块），面积超过25万平方千米。这也是委员会自成立以来所审议的各国提交的划界案中唯一推迟给出建议的区块。

日本外务省企图利用目前国际社会尚无法了解委员会建议详情的情况下，对委员会建议任意进行移花接木式的解读，企图论证委员会建议是认可了冲之鸟作为划定大陆架的基点的法律地位；日本共同社积极配合，甚至谎称“中国认为是岩礁的日本最南领土冲之鸟被委员会认可为基点”。这些举动恰好反映出了日本不甘心其指礁为岛的企图的失败，还想着瞒天过海，利用它先得到委员会建议而以为国际社会尚被蒙在鼓里的时间差，为自己的失败挽回颜面。殊不知，国际社会只要仔细对照外务省发言、共同社报道和附图、日本划界案执行摘要文字和附图以及委员会第24届会议决议等多方面信息，一样可以清晰地还原事实真相。外务省的任意解读，无论如何都无法改变委员会在冲之鸟礁问题上所持的一贯谨慎的立场，无法改变委员会建议并未认可以冲之鸟礁为基点划定的九州-帕劳海岭南部海域（KPR区块）的事实。

综上所述，关于冲之鸟是“岩礁”还是“岛屿”的争论总算有结论了。委员会对日本划界案中的6个区域都作出了明确建议，唯独对直接涉及冲之鸟礁的区块不作出建议，这不正好说明了委员会并不认同日本对冲之鸟礁大陆架的权利主张吗？从这个角度看，日本原本希望通过委员会审议认可其所划定的“九州-帕劳海岭南部海域”（KPR区块）外部界限，从而间接地证明冲之鸟具有可以主张大陆架权利的“岛屿”法律地位的企图遭到了重大打击。

（2012年7月11日）

中国东海部分海域200海里以外大陆架划界案有理有据

丘　君　张海文

2012年12月14日，中国政府向大陆架界限委员会（本文简称“委员会”）递交了《中国东海部分海域200海里以外大陆架划界案》（以下简称《东海部分划界案》）。根据该划界案执行摘要，中国在东海冲绳海槽内选择了10个最大水深点，并以其直线连线作为中国东海部分海域200海里以外大陆架（本文简称“外大陆架”）的外部界限。

大陆架是国家海洋权益的重要组成部分，划定外大陆架的外部界限是沿海国通过合法途径实现其管辖海域范围最大化，并勘探开发和利用大面积海底空间及其资源的重要机会。国际社会和世界各沿海国对此都极为关注，许多沿海国已完成编制并提交了划界案。根据联合国网站公布的消息，《东海部分划界案》是委员会收到的第63份划界案。

委员会审议划界案的程序是怎样的？我国提交《东海部分划界案》的依据、意义和前景又是什么？国家海洋局有关专家对此进行了解读。

一、外大陆架划界案的背景

《联合国海洋法公约》（以下简称《公约》）规定，大陆架是沿海国陆地领土向海洋的全部自然延伸。沿海国大陆架自然延伸如果从其领海基线量起超过200海里，则200海里以外的部分被称为外大陆架。沿海国必须向委员会提交其外大陆架外部界限所在位置的经纬度坐标表，以及能证明这部分外大陆架与陆地领土之间存在着客观的自然延伸的科学证据，这些科学数据和技术资料被简称为划界案。

根据《公约》第76条、《大陆架界限委员会议事规则》（以下简称《议事规则》）等一系列文书，沿海国如要确定外大陆架的外部界限，应首先找出其外大陆架外部界限的位置，编制划界案并提交给委员会；委员会随后会对划界案进行初步审议，重点审查该划界案是否涉及相关争议以及其他国家是否提出明确反对的意见，进而作出是否将对该划界案开展进一步审议的决议。委员会审议后，将向沿海国提出其审议结论，即委员会建议；最后，沿海国在委员会建议的基础上，通过其国内程序，划定其最终的外大陆架外部界限。

二、委员会对划界案的几种处理方式

委员会按照各国提交划界案的时间顺序审议划界案。截至目前，委员会完成审议并最终给出建议的划界案有 17 个。经过对委员会审议划界案情况的分析可以看出，如某国划界案排队轮到时，对其如何处理有 4 种模式。

（一）全部审议

如该划界案所涉及的区域不存在陆地领土和海域划界争端，即委员会未收到有关国对此划界案提出引用委员会《议事规则》附件一第 5（a）条款的反应照会，委员会将建立小组委员会负责审议沿海国所划定的外大陆架外部界限是否具有充分的依据，然后以建议的方式对沿海国提交的外大陆架主张作出认可、部分认可或否定的决定。如爱尔兰提交的关于 Porcupine 深海平原的划界案，虽然丹麦和冰岛都提交外交照会，但均不反对委员会审议此案，因此委员会通过审议于 2007 年 4 月 5 日作出建议。

（二）部分审议

沿海国所提交的划界案，如其中部分区域涉及陆地领土或海域划界争端，委员会对其中不涉及争议的部分进行审议并给出建议，有争议的地区则不予审议。如 2007 年 3 月 22 日法国提交的关于法属圭亚那和新喀里多尼亚领地的划界案，划界案部分区域涉及马修岛和亨特岛。在瓦努阿图提交给委员会的外交照会中对这两个岛提出异议，对此委员会作出决定只审议不涉及争端的区域。

（三）推迟审议

有些划界案尽管有引用《议事规则》附件一第 5（a）的反应照会，由于该划界案仍在排队中，有关国家正在协商解决争端，委员会决定暂时搁置划界案，待排队轮到时再对相关照会进行审议。如争端问题仍未解决则继续等候，直至相关国家都同意审议后，委员会才会就此划界案进行审议并作出建议。如2008年12月16日缅甸提交的划界案，孟加拉国提交了引用《议事规则》附件一第5（a）的外交照会，认为两国之间存在划界争端要求，委员会不进行审议。缅甸代表团在陈述中表示，缅甸与孟加拉之间争端问题已提交海洋法法庭进行审议和裁决。委员会决定推迟对该划界案的审议，直至该划界案按照收件的先后顺序排到时再行审议。

（四）不审议

如果两个国家提出的划界案涉及同一区域，并存在领土主权或海域划界争端，则委员会对此不予审议。如2009年4月21日阿根廷提交的划界案涉及马尔维纳斯群岛（英称福克兰群岛）的外大陆架主张，因涉及马尔维纳斯群岛等的主权归属问题，委员会决定不审议这一存在争议的部分。

三、《东海部分划界案》的相关技术问题

（一）《东海部分划界案》的含义

根据所包含的外大陆架范围，划界案可以分为全部划界案和部分划界案。全部划界案是指划界案中包括了该沿海国所主张的全部外大陆架区域；部分划界案是指只包括该沿海国所主张的一部分外大陆架区域的划界案。根据规定，在与邻国存在大陆架划界争端或在沿海国因时间、技术等原因未能就其主张的全部外大陆架编制全部划界案的情况下，沿海国可先提交部分划界案，剩下的外大陆架区域留在后续的划界案中体现。这一做法被沿海国普遍使用。

《东海部分划界案》只包括了东海的一部分外大陆架，是部分划界案。理论上，该划界案所主张的外大陆架区域北侧或南侧海域还存在外大陆架的可能性。在北侧海域涉及中国、日本、韩国三国大陆架划界问题，在南侧海域涉及钓鱼岛及其附属岛屿的大陆架问题，这些问题均未妥善解决。由于该划界案包含的外大陆架区域涉及争议最少，比较适合作为先期提交的区域。

（二）确定东海外大陆架外部界限方法

《公约》第76条为确定大陆架外部界限规定了复杂的规则，可归纳为两条公式线、两条限制线。两条公式线分别指沉积岩厚度为从该点至大陆坡脚最短距离的1%的定点的连线、在大陆坡脚各点连线之外的60海里各点的连线。两条限制线分别指领海基线之外的350海里线、2500米等深线之外的100海里线。

公式线和限制线只限定了沿海国有权扩展的大陆架的最大范围，并未限定沿海国在该最大范围内如何选定大陆架外部界限。沿海国可在上述各线之内或线上，选择任意相互之间相距不超过60海里的定点，并将其连接作为大陆架外部界限。实际操作中，绝大多数沿海国都依据利益最大化的原则，选择位于公式线或限制线上的各定点，连接成其大陆架的外部界限。

我国将东海大陆架外部界限确定为冲绳海槽内一系列最大水深点的连线。这些定点既没有超过限制线，也没有超过公式线，完全符合《公约》第76条的规定。同时，《东海部分划界案》选择的10个定点全部位于冲绳海槽内，符合中国关于东海大陆架向东延伸到冲绳海槽的一贯主张。

（三）《东海部分划界案》采取标识外大陆架最外部界限位置的方式

《公约》规定，外大陆架外部界限是指符合其规定的各定点之间的直线连线，表现为具体的经纬度坐标点。沿海国在划界案中只需标明这些定点的经纬度坐标点及其连线。在委员会收到的划界案中，表示外大陆架外部界限的方式主要有两种。一是圈闭区块的方式——为了直观地展示外大陆架范围，很多国家将其大陆架外部界限与该国的200海里线或者其他海上边界线连接起来，构成圈闭的区块，在图上以区块的形式标识其外大陆架范围；二是最外部各定点之间连线的方式——仅用定点和定点间的连线标识其外大陆架的外部界限，并未形成圈闭的区块。我国东海部分划界案采用了第二种做法。

《公约》规定了外大陆架划界的法律原则，如何将其转化为具体的科学技术标准是划界实践必须解决又没有先例的创新性研究。因此，外大陆架划界必须运用现代海底勘测手段，包括使用多波束测深系统获取海底地形数据，使用多道地震系统获取沉积物厚度数据；综合利用海底地震仪、重力仪、磁力仪、热流探针、声速仪、地质取样等获取大陆边缘地质特征和地壳结构等关键划界支撑证据和参数。

我国从21世纪90年代就开始陆续在东海开展一系列调查研究，在东海陆架和冲绳海槽海域积累了大量数据资料。尤其在近10年来的现代化海洋调查工作中，我国采用新技术和新仪器，开发了数据处理新方法，在集成和融合历史调查数据的基础上编制了东海海域的地质地球物理系列基础图件，并在此基础上开展了深入综合研究，为我国东海划界案的完成和提交准备了坚实的技术基础。

调查表明，东海由东海陆架、东海陆坡和冲绳海槽三大地貌单元组成。从地形地貌特征看，东海陆架地形平坦，最大宽度超过500千米，是亚洲东部最宽阔的陆架之一；东海陆架向东南倾斜至陆架坡折带后水深急剧加深，形成东海陆坡；东海陆坡东侧则为长条形深洼地的冲绳海槽，冲绳海槽的最大水深超过2300米。从地质属性看，东海陆架与中国东部大陆同属于一个整体，具有共同的古老陆核，为稳定的大陆地壳。新近纪以来的喜马拉雅运动开始了东海陆缘的强烈张裂，冲绳海槽逐步形成。冲绳海槽由于上地幔的抬升和地壳的拉张，具有与东海陆架显著不同的地质特征，其地壳性质已由减薄陆壳向过渡性地壳转变，在海槽南段轴部的中央裂谷带形成了新生洋壳。因此，东海大陆架在地形、地貌、沉积特征和地质构造上都与我国大陆有着天然连续性，是我国大陆在海底的自然延伸，而冲绳海槽与东海陆架地质特征显著不同，是具有显著隔断特点的重要地理单元，是中国东海大陆架延伸的终止。

基于以上基础，2009年5月12日，中国政府向联合国秘书长提交了《中华人民共和国关于确定200海里以外大陆架外部界限的初步信息》，该信息主要证明了中国在东海具有200海里以外大陆架，但未划定东海200海里以外大陆架外部界限的具体位置。提交该信息时我国说明正在编制划界案，并将在适当时候提交全部或部分200海里以外大陆架外部界限的划界案。而我国政府于2012年12月14日提交的《东海部分划界案》运用翔实的数据确定了中国东海部分海域200海里以外大陆架外部界限的具体位置，并用相关经纬度坐标点标识出来。本划界案是对初步信息的细化和完善。也是兑现初步信息的承诺，是我国在《公约》国际制度下重申东海大陆架权利，并行使《公约》赋予权利、履行相关义务的一次负责任行动。划界案的提交也明示了中国所主张的东海大陆架部分的具体范围，是维护中国在东海海洋权益的一个重大举措。

四、《东海部分划界案》的审议前景

根据议事规则，在收到沿海国提交的划界案的3个月后召开的会议上，委员会将要求提案国派代表进行答辩说明。中国将在2013年7月召开的委员会会议上派代表团去答辩。答辩后，委员会将对划界案进行程序性审议，重点是审查该划界案是否涉及尚未解决的陆地领土争议或者其他海洋争端。若存在争端，委员会将暂不对划界案进行实质审理，并等待有关争端得到妥善解决。

海岸相邻或相向的沿海国之间的大陆架划界，不是一国单方面权利的问题，而是有关国家所主张的大陆架范围出现重叠，需要通过谈判予以划分的问题。因此，沿海国之间的大陆架划界不仅是科学技术数据问题，而且属于复杂的政治问题。目前已有4份划界案因存在争端而被暂时搁置。《东海部分划界案》涉及中国、日本、韩国三国的海域划界争端。由于东海宽度总体不足400海里，我国提交的延伸大陆架主张与日本的200海里和大陆架主张存在重叠区，因此我国提交《初步信息》后日本即递交了反对照会，认为中日两国间的大陆架边界应由两国协商划定，东海不存在200海里以外大陆架。因此，可以预料到日本将对《东海部分划界案》提出反对意见，并以存在海域划界争议为由，要求委员会暂不予审议。

需要指出的是，提交划界案不仅是为了划定外大陆架的外部界限，更重要的是重申一国大陆架权利主张。从已提交的划界案看，有关国家在明知道其划界案将因涉及争端而会被搁置审议的情况下，仍提交划界案，就是为了重申其大陆架权利主张。如俄罗斯提交的鄂霍次克海划界案、缅甸提交的划界案，以及英国和爱尔兰分别提交了在哈顿罗卡尔海域的划界案等。

为了延续我东海大陆架主张的一贯立场，在新的海洋法律制度下，我国必须提交划界案，这既是履行我国享有的提出外大陆架主张的权利，也是履行应尽的法律手续的义务。即使委员会依据其争端规则暂不予审议，但这并不意味着对我国权利和主张的否定。如果我国始终不提交划界案，则在理论上或被解读为想放弃在东海主张大陆架自然延伸到冲绳海槽的立场，将对今后我国与东海邻国开展大陆架划界谈判带来负面影响。《公约》第76条第10款明确规定，委员会对划界案作出的审议结论或者暂不审议的决定，均不能代替沿海国之间的大陆架划界，也不妨碍沿海国之间通过协商方式解决相关争端。

（2012年12月19日）

得道多助　失道寡助
——“大陆架界限委员会第29届会议主席的说明”解读

丘　君

今年4月底，日本外务省和相关媒体报道称大陆架界限委员会（以下简称委员会）通过了日本外大陆架主张，日本获得了总面积约31万平方千米的外大陆架，其中包括以冲之鸟礁为基点主张的区块。5月中旬，委员会在其网站上公布了“大陆架界限委员会第29届会议主席的说明”，介绍了该届会议审议日本划界案的情况。6月3日，委员会进一步公布了划界案建议摘要。这些信息为外界还原了事情的真相：以冲之鸟礁为基点划定的外大陆架区块没能得到委员会的建议，委员会更没有认可冲之鸟是岛屿。

委员会是根据《联合国海洋法公约》（以下简称《公约》）成立的机构，与国际海洋法法庭、国际海底管理局一起并称为《公约》三大机构。委员会负责对沿海国所划定的外大陆架外部界限是否具有充分的科学技术和法律依据进行审议，然后以“建议”的方式对沿海国提交的外大陆架主张作出认可、部分认可或否定的决定，沿海国应依据该建议划定其大陆架外部界限。

根据委员会的《大陆架界限委员会议事规则》（以下简称《议事规则》），委员会下设小组委员会负责具体审议划界案并撰写建议草案，委员会全体会议负责讨论、修改建议草案，并通过最终建议。《议事规则》同时要求委员会全体会议和小组委员会的会议应以“非公开方式举行”，这对外界了解委员会的工作构成较大限制。为了在一定程度上体现其工作的透明度，委员会开辟了两条渠道供外界了解其工作，包括：①每一届委员全体会议之后，委员会主席都会对外发布“关于委员会的工作进展的主席的说明”，向外界简要通报该届全体会议上委员会讨论问题的情况和取得的主要结论；②考虑到委员会关于划界案的建议只递交给划界案的提交国和联合国秘书长，为了让外界了解委员会所做出的建议，委员会还在其网站公布划界案建议的摘要（以下简称“建议摘要”）。

一、委员会审议日本划界案始末

2008 年 11 月，日本向委员会提交了关于划定其大陆架外部界限的划界案，提出了 7 个外大陆架区块，总面积约 74.7 万平方千米。其中，日本以冲之鸟礁为基点主张了面积约 43 万平方千米的专属经济区和约 25.7 万平方千米的外大陆架区块（南九州-帕劳洋脊区块）。此外，日本主张的另外两个外大陆架区块（四国海盆区块和南硫磺岛区块）也与冲之鸟礁的 200 海里线相关，面积分别约 17.7 万平方千米和 4.6 万平方千米。

根据《公约》第 121 条，冲之鸟礁是不能维持人类居住或维持其自身经济活动的岩礁，不能拥有专属经济区和大陆架。日本提出划界案后，中国和韩国先后发表外交照会，对日本关于冲之鸟礁的专属经济区和外大陆架主张提出质疑，并要求委员会不对日本划界案涉及冲之鸟礁部分采取行动。

2009 年 3 月，委员会第 23 届会议对日本划界案进行了初步审议，考虑中韩两国照会的关切，委员会决定暂不设立审议日本划界案的小组委员会。在同年 8 月举行的委员会第 24 届会议上，委员会决定成立小组委员会着手审议日本的整个划界案；同时，委员会还决定“不对小组委员会撰写的涉及上述普通照会中提到的地区的那部分建议采取行动，直至委员会决定这样做”。也就是说，除非委员会另行决定，否则其将不讨论、不修改、也不通过小组委员会撰写的与冲之鸟礁相关区块的建议草案。

日本划界案的小组委员会本着“委员会的任务仅限于与《公约》第 76 条和附件 2 有关的问题，不包括对第 121 条的解释”的原则对日本划界案进行了长达 2 年的审议，并形成了建议草案。2011 年 8 月举行的委员会第 28 届会议收到了日本划界案小组委员会撰写的建议草案，并完成了对其中部分内容的讨论。

2012 年 4 月召开的委员会第 29 届会议重点讨论了第 28 届会议未能完成的四国海盆区块和南九州-帕劳洋脊区块的建议，并协商一致通过了“大陆架界限委员会关于 2008 年 11 月 12 日日本提交的划界案的建议”。关于四国海盆区块，委员会不同意将公式线以外的整片地区划归日本大陆架。在四国海盆区块内部还存有一块面积约 1.8 万平方千米，属于全人类共同继承财产的国际海底区域。

关于南九州-帕劳洋脊区块，委员会明确表明了立场：在中国、日本、韩国三国照会中提及的问题（即关于冲之鸟礁法律地位的问题）得到解决之前，委员会无法就建议中关于南九州-帕劳洋脊区块的内容采取行动。该决定表明，委员会并没有认可冲之鸟礁是岛屿，更没有认可日本以冲之鸟礁为基点主张的外大陆架。

二、南九州-帕劳洋脊区块相关建议的形成

第 24 届会议决定“不对小组委员会撰写的涉及上述普通照会中提到的地区的那部分建议采取行动，直至委员会决定这样做”。根据该决定，委员会在开启讨论相关区块之前，必须先做出一个采取行动的决定，否则，第 24 届会议关于暂不采取行动的决定将继续有效，委员会将不能采取行动。

与冲之鸟礁相关区块有 3 个，其中南九州-帕劳洋脊区块是直接以冲之鸟礁为基点的，南硫磺岛区块和四国海盆区块不以冲之鸟礁为基点，但涉及冲之鸟礁 200 海里线。针对南硫磺岛区块和四国海盆区块，委员会建议的外部界限最终与冲之鸟礁 200 海里线脱钩。南九州-帕劳洋脊区块完全以冲之鸟礁为基点，冲之鸟礁法律地位问题无法回避。因此，讨论南九州-帕劳洋脊区块问题前的第一件事项就是对“应否对建议中与南九州-帕劳洋脊区块有关的内容采取行动”这一问题举行表决。

由于委员会内部的不同意见，该表决在进行过程中演变成了两次表决。第一次表决是要确定“应否对建议中与南九州-帕劳洋脊区块有关的内容采取行动”这一问题属于实质事项还是程序事项，第二次表决则是在第一次表决所确定的该问题确为实质事项的基础上进行的正式表决，第二次表决直接导致了委员会不采取行动的立场。

（一）关于实质事项和程序事项的表决

“主席的说明”第 19 段提及“有人提出此事为实质性还是程序性的问题。对此，主席裁定此为实质性问题，需要 2/3 的多数票决定之。这一裁

定引起争议，随后以 8 票对 7 票、1 票弃权的简单多数得以维持”。这是对第一次表决过程的描述。

委员会决定的事项可以分为实质事项和程序事项两类，《议事规则》规定，“对所有实质事项的决定，应由出席并参加表决的成员 2/3 多数作出”“对所有程序事项的决定，应由出席并参加表决的成员过半数作出”。《议事规则》并没有给出界定实质事项和程序事项的有关定义，但规定“如果出现某一事项是程序事项还是实质事项的问题，应由委员会主席就问题作出裁决。对此项裁决提出的异议应立即付诸表决，除非被出席并参加表决的成员过半数推翻，主席的裁决继续有效”。

根据上述规定，若“应否对建议中与南九州－帕劳洋脊区块有关的内容采取行动”这个问题属于程序事项，则只要参加表决的一半成员同意，委员会就可以决定采取行动。若该问题属于实质事项，则需要参加表决的成员 2/3 多数同意，委员会才能决定采取行动。因此，对该问题属于实质事项还是程序事项的表决，对于后续的关于是否应采取行动的表决将产生直接的、重要的影响。经过主席的裁决以及对主席裁决的表决，最终确定“应否对建议中与南九州－帕劳洋脊区块有关的内容采取行动”这个问题属于实质事项，相关提案需要得到 2/3 的多数票才能获得通过。

（二）对应否采取行动的正式表决

“主席的说明”第 19 段提及“委员会对关于建议草案中与南九州－帕劳洋脊区块有关的内容采取行动的提案进行表决。该提案没有得到 2/3 多数票的支持”。由此可见，第二次表决的提案内容是“委员会应否对关于建议草案中与南九州－帕劳洋脊区块有关的内容采取行动”。第一次表决已经确定了这一问题属于实质事项，因此，该提案若要获得通过必须有 2/3 多数票的支持。表决结果是，参加会议的 16 位委员中，有 5 人支持该提案，8 人反对该提案，另有 3 人弃权。这一表决结果表明多数委员都不支持委员会对南九州－帕劳洋脊区块采取行动，这也从侧面说明日本媒体关于委员会认可了冲之鸟礁为岛屿的报道纯属无稽之谈。

三、第 29 届会议决定的重要意义

第 29 届会议决定为委员会对南九州－帕劳洋脊区块部分区块采取行动

提出了非常严格的先决条件，是在第24届会议决定基础上的重大进步。对比上述两届会议关于冲之鸟礁相关部分决定的核心内容，可以发现它们在逻辑上是类似的：①两个决定都明确指出暂不采取行动；②两个决定都明确提出了以后采取行动的条件。所不同的是，第24届会议决定关于以后采取行动的条件是非常宽松的，而第29届会议决定的条件却是非常明确和严格的。第24届会议关于以后采取行动的条件是“直至委员会决定这样做”。也就是说，是否采取行动取决于委员会本身，只要委员会愿意，它就可以对相关区块做出建议。第29届会议决定关于以后采取行动的条件是：在中国、日本、韩国三国照会中提及的问题得到解决。中国、日本、韩国三国照会中所提及事项的核心是关于冲之鸟礁法律地位的不同认识。也就是说，只有在冲之鸟礁属岛属礁的问题得到解决后，委员会才能就南九州-帕劳洋脊区块采取进一步行动。

若通过某种被广泛认可的程序认定冲之鸟礁是礁，则委员会可直接否定南九州-帕劳洋脊区块；若认可冲之鸟礁是岛屿，则委员会可根据小组委员会审议的结果，对南九州-帕劳洋脊区块做出建议。目前看，无论是《公约》相关规定，学术界主流观点，还是相关国际实践，都不支持冲之鸟礁是岛屿。因此，委员会的决定基本上打消了日本“指礁为岛”，企图利用外大陆架问题强化其冲之鸟礁专属经济区和大陆架主张的如意算盘。

总的来说，委员会第29届会议的决定是对沿海国过度扩展大陆架的有力打击，有利于维护全人类的国际海底区域利益，有利于维护《公约》制度的严肃性和海洋正义，并将对世界海洋划界格局产生深远的影响。

（2012年7月18日）

提交东海200海里外大陆架划界案是应然之举

丘　君　张海文

9月16日，外交部宣布，中国政府决定向《联合国海洋法公约》（以下简称《公约》）设立的大陆架界限委员会提交东海部分海域200海里以外大陆架划界案。国家海洋局相关技术准备工作已基本就绪。根据《公约》和相关国际法，提交东海划界案是中国在《公约》新制度下重申东海大陆架的权利主张，行使《公约》赋予的权利，并履行相应义务的应然之举，也是中国依据《公约》进一步明确东海大陆架权利主张范围的负责任行动。

一、大陆架划界案的相关背景

《公约》规定，大陆架是沿海国陆地领土的自然延伸，主要包括海底区域的海床和底土。沿海国可以对其陆地领土向海洋的自然延伸部分提出大陆架权利主张。根据各海域不同的自然情况，《公约》规定了2种情况：一是沿海国大陆架自然延伸如果超过领海基线以外200海里的，可以主张超过200海里的大陆架，其200海里以外部分被简称为“外大陆架”；二是沿海国大陆架自然延伸如果不足200海里，则沿海国所能主张大陆架的最大宽度就只能是从领海基线量起不超过200海里。《公约》同时还规定，沿海国若主张外大陆架，就必须向大陆架界限委员会（以下简称“委员会”）提交该国所主张的外大陆架的外部界限位置，以及支撑该主张的相关科学和技术资料，这些数据资料俗称为“划界案”。

《公约》第76条、《公约》附件二、《大陆架界限委员会议事规则》和《大陆架界限委员会科学和技术准则》等一系列文书为确定外大陆架的外部界限规定了一系列复杂的法律程序和科学标准。概而言之，沿海国应首先根据《公约》第76条所规定的复杂规则，找出其外大陆架外部界限的位置，并编制划界案提交给委员会；然后，委员会负责审议沿海国提交的划界案，并向沿海国提出建议；最后，沿海国在委员会建议的基础上划定其最终的外大陆架外部界限，也就是其大陆架的外部界限。

大陆架属于沿海国的管辖海域。沿海国对大陆架上（无论是200海里以内部分，还是200海里以外的部分）的自然资源享有勘探开发的主权权利，还享有在大陆架上建设和管理人工岛屿、设施和结构等方面的权利。拥有这些权利之后，不排除进一步衍生其他权利和利益的可能性。

可见，大陆架构成了一国海洋权益的重要组成部分，是许多沿海国极力争夺的对象。划定外大陆架界限，被认为是沿海国通过合法途径实现其管辖海域范围最大化、勘探开发和利用大面积海底空间及其资源的最后机会。国际社会对此都极为关注。据统计，目前委员会共收到了61份划界案和45份初步信息。这些划界案主张的外大陆架总面积约合2600万平方千米。俄罗斯、英国、法国、日本、印度尼西亚、菲律宾、越南、马来西亚以及许多拉丁美洲和非洲国家均已经提交了划界案。不过，作为世界头号大国的美国由于还未批准《公约》，尚不具备向委员会提交划界案的资格。但美国已经开展了大量的外大陆架调查和研究，并密切关注委员会的审议工作。

二、提交东海划界案的意义

提交划界案不是一个单纯的技术性工作，而是涉及扩展国家管辖海域范围和未来发展空间的重要政治和外交行动。在当前中国东海钓鱼岛主权面临严重挑衅、国家海洋权益面临严峻挑战的背景下，提交东海划界案的意义尤显重要。

提交划界案是重申中国东海大陆架权利主张。依据国际法和东海自然状况，中国一贯主张东海的大陆架向东延伸到冲绳海槽。此次外交部发布消息，宣布中国政府拟向委员会提交东海划界案，是维护中国在东海的海洋权益的一个重大举措。提交划界案，不仅可重申中国对东海大陆架的权利，也明示了中国所主张的东海大陆架的部分具体范围，为中国东海维权提供了重要的依据和明确的范围。

提交划界案是履行《公约》义务的重要体现。作为《公约》缔约国，中国享有《公约》赋予沿海国的大陆架权利，并应承担相应义务。

地貌和地质学等科学证据显示，东海大陆架是中国大陆领土在水下向海洋的自然延伸，直至冲绳海槽自然终止。据此，中国政府主张在东海的大陆架一直延伸至冲绳海槽，其宽度超过200海里。按《公约》规定，中国有义务尽早编制划界案，并提交委员会审议。换言之，提交东海划界案是中国行使《公约》赋予的权利和履行《公约》义务的应然之举。

提交划界案是兑现《初步信息》的相关承诺。中国政府于2009年5月12日向联合国秘书长递交了《中华人民共和国关于确定200海里以外大陆架外部界限的初步信息》（以下简称《初步信息》）。该初步信息主要说明了中国在东海具有200海里以外大陆架，并说明中国正在抓紧时间编制划界案，承诺“将在适当时候提交全部或部分200海里以外大陆架外部界限的划界案”。因此，提交东海划界案也是中国政府兑现《初步信息》中相关承诺的体现。

三、我国东海划界案的审议前景

委员会将按照划界案递交的先后顺序审议划界案。由于涉及复杂的科学技术问题，委员会审议划界案的进展缓慢。从2002年审结第一份划界案至2011年的10年时间里，委员会共审议完17份划界案，尚不及目前委员会所收到的划界案总数的1/3。根据目前的审议速度推测，中国东海划界案排队候审将是一个漫长的过程，可能需要等待20到30年。

除了漫长的等待外，东海划界案还涉及海域划界争端问题。根据《大陆架界限委员会议事规则》的规定，沿海国提交的划界案若涉及尚未解决的陆地领土主权争议或者海洋划界争端，委员会将暂时不审理，直至有关争端得到妥善解决。目前已经有4份划界案因存在争端而被委员会暂时搁置。需要指出的是，根据《公约》第76条第10款的规定，委员会对划界案做出的审议结论或者暂不审议的决定，均不能代替沿海国之间的大陆架划界，也不妨害或不影响沿海国之间通过协商方式解决相关争端。

由于中国与东海其他周边国家的大陆架主张范围存在重叠，不排除有其他国家对我东海划界案提出反对意见，并要求委员会暂不审议。如上所述，依据《公约》的规定，假如委员会做出暂不审议的决定，并不影响中国在东海的大陆架权利主张，也不影响今后中国与相关国家通过谈判解决东海大陆架划界问题。

（2012年9月19日）

谎言不能掩盖事实

——日本划界案“建议摘要”解读

丘　君

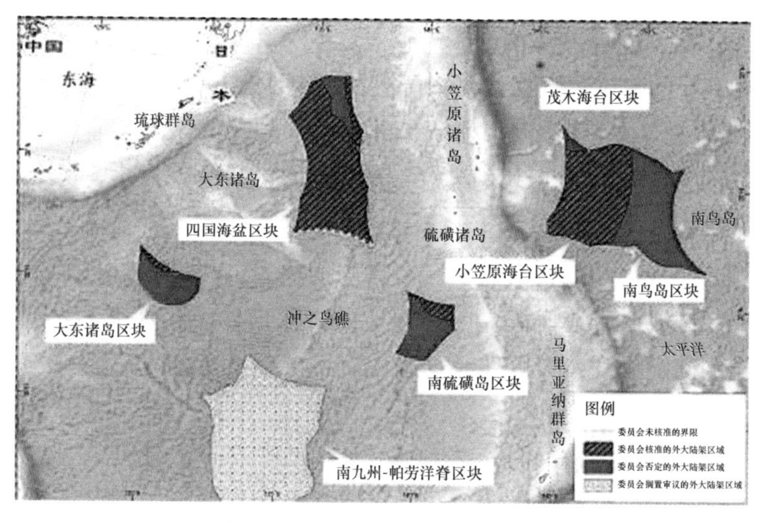

日本 200 海里以外大陆架区块示意图

2012 年 6 月 3 日，大陆架界限委员会（简称“委员会”）公布了日本划界案建议摘要。日本外务省再一次罔顾事实，对委员会建议进行移花接木式的解读，谎称委员会建议认可了冲之鸟礁作为划定大陆架的基点的法律地位。事实上，日本划界案建议摘要描述的事实非常清楚：委员会对冲之鸟礁的法律地位不持立场，对以冲之鸟礁为基点主张的外大陆架不采取行动。

大陆架界限委员会负责审议沿海国提交的划定其外大陆架外部界限的信息资料，并以“建议”的方式对沿海国划界案给出审议结论。委员会关于划界案的“建议”全文只递交给划界案的提交国和联合国秘书长。为了让外界了解委员会所作出的建议，委员会在其网站公布划界案建议的摘要（以下简称“建议摘要”）。

一、委员会关于 KPR 区块的结论

委员会关于划界案的建议摘要已经形成了基本固定的模式。建议摘要一般分为 6 部分内容，依次是“基本情况”“划界案的组成部分”“划界案审议的基本原则”“各区块的建议”“图件”和“附件”。其中，前四部分内容一般使用格式化的语言描述，且各建议摘要的这几部分内容基本类似。“各区块的建议”和“图件”两部分是建议摘要的核心内容。委员会的审议结论主要体现在这两部分内容中。

“各区块的建议”根据划界案所主张的外大陆架区块，逐区块给出结论。以日本划界案建议摘要为例，日本一共主张了 7 个外大陆架区块，日划界案建议摘要的“各区块的建议”是分 7 个区块分别描述委员会对该区块的审议结论。

通常，“各区块的建议”关于各区块的内容结构是相同的，分别包括“区块所在区域地质地理概况”“陆块的自然延伸及其外大陆架的权利”“坡脚点的确定”“大陆边外缘的确定”“大陆架外部界限的确定”5 项要素。

日本划界案建议摘要中，除了南九州－帕劳洋脊区块以外，其他区块的内容也包括上述要素，而南九州－帕劳洋脊区块的建议内容只有 6 段文字，且未涉及上述要素。仅从内容结构上，就可以看出委员会对南九州－帕劳洋脊的结论与其他区块完全不同。其原因就是南九州－帕劳洋脊是完全依据冲之鸟礁为基点主张的外大陆架区块，而冲之鸟礁本身的法律地位受国际社会的严重质疑，且委员会本身不具备判断冲之鸟是岛还是礁的职权。其结果是委员会不能就南九州－帕劳洋脊区块作出审议建议。

进一步从内容上看，委员会关于南九州－帕劳洋脊区块的审议结论包括 6 个自然段，即建议摘要的第 15 至 20 段，各自然段的内容分别是：

第 15 段：委员会忆及第 24 届会议的决定，即委员会不应对小组委员会撰写的冲之鸟礁区块的建议采取行动，除非委员会另作决定。

第 16 段：委员会注意到，2012 年 4 月，中国、韩国、日本三国分别针对冲之鸟区块再次向委员会提交了照会。

第17段：委员会引述中国照会的部分内容“相关争端本质上是冲之鸟礁能否拥有专属经济区或大陆架的争端，是相关海洋空间应归属沿海国管辖还是归属国际社会共有的争端”。

第18段：委员会引述韩国照会的部分内容“关于冲之鸟礁法律地位存在争端”。

第19段：委员会引述日本照会的部分内容“日本认为，根据包括《公约》《公约》附件以及《大陆架界限委员会议事规则》在内的相关法律文件，中国和韩国关于委员会不应对冲之鸟礁相关区块给出建议的要求是没有法律基础的”。

第20段：委员会关于南九州-帕劳洋脊区块的结论集中体现在这一段。该段全文如下：“委员会考虑是否应对小组委员会撰写的南九州-帕劳洋脊区块的建议草案采取行动，并决定不采取行动。委员会认为其无法就建议草案中南九州-帕劳洋脊区块的内容采取行动，直到照会中所述问题得到解决为止。”

通过上述委员会关于南九州-帕劳洋脊区块的结论，我们可以非常清楚地看出，委员会并没有认可冲之鸟是岛屿，更没有认可日本以冲之鸟礁为基点的外大陆架主张。

二、委员会关于SKB区块的建议

南九州-帕劳洋脊区块是日划界案中唯一以冲之鸟礁为基点主张的外大陆架区块，委员会关于南九州-帕劳洋脊区块的建议最能说明委员会在冲之鸟礁问题上的立场。但是，日本外务省和有些日本媒体却刻意回避委员会关于南九州-帕劳洋脊区块的建议，而试图从委员会关于四国海盆区块的建议中，为自己的主张找所谓的依据。

四国海盆区块位于冲之鸟礁以北，根据日本的主张，“日本陆块在本区域的自然延伸包括东部的伊豆-小笠原岛弧和西部的大东海脊和九州-帕劳洋脊。该区域上的岛屿包括东部位于伊豆-硫磺洋脊上的鸟岛、大东海岭上的北大东岛、冲大东岛以及九州-帕劳洋脊上的冲之鸟礁等等”。委员会部分通过了日本在四国海盆区块的外大陆架主张，日本外务省相关人士据此推论认为委员会认可了日本以冲之鸟礁为基础的外大陆架主张。他们的逻辑是：因为委员会认可了四国海盆区块内部的九州-帕劳洋脊是日本外大陆架的一部分，并且冲之鸟礁是九州-帕劳洋脊上唯一出露水面的岛礁，因此，可以推论委员会认可了冲之鸟礁是岛屿，且可以主张外大陆架。

日本外务省的这一逻辑是完全荒谬的。一方面，它故意回避了委员会关于不对南九州-帕劳洋脊区块采取行动的结论。这个结论本身就是委员会在冲之鸟礁法律地位问题上不持立场，也不对以冲之鸟礁为基点的外大陆架主张采取行动。另一方面，委员会的关于四国海盆区块的结论事实上也明确表明委员会已经把四国海盆区块与冲之鸟礁问题脱钩。换句话说，委员会认可的四国海盆区块与冲之鸟礁毫无关系。

首先从技术上看。四国海盆区块大陆架外部界限是根据坡脚点外推 60 海里的规则得出的。建议摘要图 27 明确显示了经委员会核定认可的生成四国海盆区块的外部界线的坡脚点。从中可以看出，这些坡脚点与冲之鸟礁毫不相干。

其次从图件上看。建议摘要图 21 是委员会引用日本划界案的日本主张图。其中显示，日本主张的四国海盆区块原本是以冲之鸟礁 200 海里线为南部边界的。图 27 是由委员会制作并说明委员会建议的图件。在该图中，委员会有意去除了四国海盆区块南部的冲之鸟礁 200 海里线。此举也正是体现了委员会对冲之鸟礁岛屿地位不持立场。

再从表述上看。委员会关于四国海盆区块的建议中提及冲之鸟礁的第 158 段完全是引述日本的主张，并非委员会的立场。日本外务省是把日本的主张直接说成是委员会的建议。

三、经委员会核可的日本外大陆架主张

根据建议摘要，日本主张的 7 个区块中，有 4 个区块，即大东诸岛区块、南硫磺岛区块、四国海盆区块、小笠原海台区块被委员会部分核可，被核定认可的总面积约 29 万平方千米，约占日本主张总面积的 39%，这 4 个区块与冲之鸟礁无关；有 2 个区块（茂木海台区块和南鸟岛区块）被委员会完全否定；对以冲之鸟礁的为基点主张的南九州-帕劳洋脊区块，委员会决定不采取行动。

至此，我们可以清楚地得出结论，日本外务省所谓委员会认可日本以冲之鸟礁为基点的外大陆架主张是罔顾事实的谎言。日本外务省不顾事实

真相，一而再、再而三地发布严重失实的报道，其目的是试图为其用冲之鸟礁主张外大陆架的失败寻回颜面。

（2012 年 7 月 11 日）

白皮书是维护中国对钓鱼岛领土主权的有力武器

贾　宇

白皮书是一国政府对重大问题的权威性政策宣示。过去，中国政府曾就国防、应对气候变化等问题发表过白皮书。但就某一具体的外交问题发表白皮书尚不多见。

2012年9月25日，国务院新闻办公室发表了《钓鱼岛是中国的固有领土》白皮书。白皮书以翔实的史事、客观的叙述、入情入理的分析，梳理了钓鱼岛问题的历史脉络，揭露了日本在钓鱼岛问题上从“私有”到“国有”的丑恶闹剧，从“暗窃”到“明抢”的公然挑衅，从承认默契到否认争议的无信之举。

中国政府围绕钓鱼岛问题发表白皮书，一是表明中国捍卫钓鱼岛领土主权坚定不移的决心和意志，反击日本严重践踏历史事实和国际法理的恶劣行径；二是说明钓鱼岛的主权归属问题关系到保卫世界反法西斯战争的胜利成果和战后国际秩序的安排，全世界爱好和平的人民都应关注。

钓鱼岛白皮书包括五大部分：

第一部分“钓鱼岛是中国的固有领土”，以翔实的、无可辩驳的史实，证明中国最早发现、命名和利用钓鱼岛，并纳入版图，实行了长期有效的管辖，钓鱼岛属于中国得到了国际社会的承认。

第二部分“日本窃取钓鱼岛”，揭露了日本觊觎钓鱼岛，长期密谋窃取，趁甲午战争之机，迫使清政府签署《马关条约》，从而割走台湾全岛及包括钓鱼岛在内的附属各岛的历史真相。

第三部分论证了美国、日本对钓鱼岛的私相授受非法无效。根据《开罗宣言》《波茨坦公告》等一系列重要的国际法文件，“二战”之后，钓鱼岛应与台湾一起归还中国。但是，美国、日本移花接木，私下交易，把中国领土钓鱼岛纳入所谓“托管区域”，又通过所谓“归还”，私相授受钓鱼岛的“施政权”。对此，中国政府和人民坚决反对。

第四部分批驳了日本主张的非法性，日本的所谓依据严重违背事实，根本不能成立，完全站不住脚。揭露了日本单方面改变现状，挑起事端，一再侵犯中国领土主权和海洋权益，是对中日双边关系和地区和平与稳定的严重威胁，是对世界反法西斯战争的胜利成果和战后国际秩序安排的公然挑战，是对历史事实和国际法理的严重践踏。

第五部分论述了中国为维护钓鱼岛主权和海洋权益所进行的坚决斗争。针对日本长期以来不断侵犯中国对钓鱼岛领土主权的挑衅行径，中国通过国内立法、公布钓鱼岛及其部分附属岛屿的标准名称、公布领海基线并向联合国交存相关海图和地理坐标表、发布钓鱼岛海域的天气和海洋观测预报等管理活动，进行管辖。中国的海上执法队伍始终在钓鱼岛海域保持经常性的存在，中国海监执法船在钓鱼岛海域坚持巡航执法，渔政执法船在钓鱼岛海域进行常态化执法巡航和护渔，维护了该海域正常的渔业生产秩序。

中国通过这一系列强有力的举措，打出了反制日本“购岛”闹剧的组合拳。与此同时，白皮书也将中日钓鱼岛争端的史实和法理昭告世界，既是揭露日本侵犯中国钓鱼岛领土主权的真相，也是提醒世人警惕日本军国主义死灰复燃，呼吁国际社会共同捍卫反法西斯战争的胜利成果。

（2012年10月10日）

日本并未实现从国际法上“有效占领”钓鱼岛

张海文

继本月非法抓扣香港民间“保钓人士”之后，日本在钓鱼岛问题上又出了一系列的“新招”。其一，日本政界开始在钓鱼岛问题上玩弄文字游戏。2012 年 8 月 24 日，日本首相野田佳彦在参议院预算委员会上发言称，日本对“尖阁列岛”（即中国的钓鱼岛）实行的是“有效控制”。随后，日本外务大臣玄叶光一郎在众议院预算委员会上称，使用“实效统治”一词，容易让外界联想到“存在领土纠纷”，而改用“有效控制”，则可显示“尖阁列岛”是日本“固有领土”。其二，日本国会参议院全体会议 29 日表决通过《海上保安厅法》修正案，赋予海上保安官对“非法”登上日本离岛人员实施逮捕的权限，其目的是加强对钓鱼岛的控制。日本此举正好应了一句俗话“此地无银三百两”，不证自明地揭示其心虚，即日本政府很清楚地知道，迄今为止，他们侵占中国领土钓鱼岛的行为是非法的，不具有国际法效力。因此，他们才需要如此煞费苦心地妄图造成“实际控制”钓鱼岛的既成事实。

从法理上看，日本至今尚未能达到“实际控制”钓鱼岛的效果。日本种种企图侵占中国领土钓鱼岛的举措，都无法改变中国最早发现并取得了钓鱼岛主权的历史事实和合法性，日本的非法行为无法取得国际法效力。

一、如何理解“实际占领”的国际法意义

人们通常所说的实际占领（或称“实际控制”）并不是一个国际法用语，在国际法上，与此表述类似的是时效取得制度和有效占领的概念。

时效取得（常被简称为“时效”）：时效取得是关于领土主权取得的一项国际法原则。国际法上的时效是指一国对他国领土进行长期持续占有之后，在很长时间内，他国并不对此提出抗议和反对，或曾有过抗议和反

对，但已经停止这种抗议和反对，从而使该国对他国领土的占有不再受到干扰，占有现状逐渐符合国际秩序的一种领土取得的行为，而不论最初的占有是否合法或善意。时效作为领土取得方式，并不是单独存在的法律原则，关键的因素在于其他国家对这种情势的态度，他国的承认与否在此具有决定性的作用。在一国宣称其通过时效而取得对一个领土的主权时，必须提供充分的证据，以证明其对该领土实施了持续、和平的有效管理。

从实际情况看，回顾历史可以看到所谓的时效取得，通常是一国以武力和战争为手段，将原先有所属国的土地据为己有，通过长期的占领和管理，从而取得对该领土的主权。从这个意义上看，如果承认时效取得领土的合法性，实际上是承认可以通过侵略而取得他国领土的合法性。因此，对于时效取得问题，自19世纪以来就一直有不同意见。现代国际法废弃了以武力和战争作为夺取他国领土的手段，时效取得已不符合现代国际法。

有效占领：国际法中的有效占领是源自古罗马私法中被称为“占有”的一种法律关系。这是一个非常复杂的概念，通常要具备以下条件：第一，占有必须在主权权利中行使。这是有效占领一个重要而又为人们所熟悉的因素。必须存在对国家权力的显示和缺少对另一国主权的承认。第二，占有必须是和平且无间断的。不过，考虑到在现实中，在存在主权者相互竞争行为的情况下，这个条件不可能是强制性的。那么问题就是，哪一个主张权利者在国家活动方面行为最多？另外，哪些条件足以阻止和平、无间断地占有？原则上，任何表明缺少默许的行为都可以。因此，抗议就已足够。当然，也有法学家认为，抗议之后，还必须将争端提交国际争端解决机构。第三，占有必须公开。默认非常重要。第四，占有必须持续。尽管有的国际法学者曾经提出固定的占有年限，例如，持续占有50年。但是，此观点并未得到国际上的普遍接受或承认，始终未能成为一项国际法标准或习惯法规则。

不过，对于无人居住或边远的荒岛来说，有效占领的标准通常很低。一般认为，行使“象征性占领”即可。例如，在“克里伯顿岛仲裁案”中，仲裁庭就以象征性占领为标准将争议中的岛屿判给了法国。

在具体案例中，往往很难区分实际占领与时效取得之间的差异。曾有学者将“帕尔玛斯岛案”作为时效取得的案例，将“东格林兰案”作为有效占领的案例，但是在实际的裁决和判决中并未采纳这种分类。法院和仲裁庭通常避免明确使用时效或有效占领的概念。例如，仲裁员胡伯在“帕尔玛斯岛案”中只是偶尔提及“所谓的时效”而避免使用这一术语，他认为“所谓的时效”仅仅意味着“对国家主权持续的与和平的显示”。法院认为要解决的问题不是国际法概念的阐述和运用，而只是判断在两个主权竞争者之间，哪一个对争议领土享有更充分的权利，应该考虑到的因素仅仅涉及的是国家占有的证据。

一般来说，时效取得与有效占领最根本的区别是，占领的对象通常是无主地。但是，时效取得的必要措施之一或者说必要条件之一也是指必须对一块土地实施了持续、和平的有效占领。因此，从这个意义看，时效取得与有效占领之间存在着模糊的相似性。时效取得与有效占领也有共同之处，即通常都包括两个显示存在的因素：一是作为主权者行为的意图和愿望的显示；二是对这种权威实际行使的显示（占用行为）。前一因素被称为是占领意向的证明，后一因素被称为是对国家权威的有效和持续显示。通常来说，后一因素占据更加重要的地位，具体的占用行为或与国家主权相一致的国家活动的显示，是权利的关键组成部分。在“帕尔马斯岛案”里，仲裁员胡伯重申：“在出现争端的情形下，事实上持续、和平的国家职能的表现是很必要的，而且这是领土主权的自然标准……”1931 年，“克里伯顿岛仲裁案”的裁决解决了法国与墨西哥之间源于 1898 年太平洋上一个无人居住岛屿的主权争端。该案裁决的理由与特定的事实有着密切的联系。仲裁员明确指出“占领的一个必要条件是实际上的而非名义上的占有”，占有应包括国家权利在有关领土的具体情况下的充分行使。在“东格林兰案”中，常设国际法院作出了有利于丹麦的判决，法院的理由是认为丹麦在 1921—1931 年期间进行了一系列的活动，包括实施国际贸易垄断法，授予贸易、采矿和其他许可权，行使政府职能和权利，缔结了大量的条约，这些都很清楚地表明了丹麦对格陵兰岛的权利。因此，挪威后来的占有是非法的、无效的，因为至少在挪威占有的 10 年之前，丹麦已经“显示而且行使了其主权权利，以至于足以构成对主权的有效权利”。

现代国际法把重点放在权利和主权的证据上面，在“曼基埃群岛和埃克里荷斯群岛案”中，国际法院从实用角度适用了现代法，法院关注的是包括管辖权的行使、当地的行政管理行为。例如，要求对在埃克里荷斯群岛上发现的尸体到泽西进行验尸，以及一项立法行为，即：使泽西成为海峡群岛一个港口的1875年《英国财政部授权令》等，从而作出了有利于英国的判决。在“隆端寺案”等案例中，国际法院也关注争议地区的行政当局的行为。因此，维护合理的行政管理的标准是主权的有利证据，当然，人们普遍承认，对于无人居住和边远地区而言，少量活动就已足够。此外，私人的占用行为对争议领土的归属也具有重要意义。意图为其所属国家占用领土的私人行为可能是得到了国家的批准，将以通常方式构成有效占领的证据。

先占：先占是领土取得规则中的第一个步骤。先占是指一个国家有意识地取得当时不在任何其他国家主权之下的土地主权的一种占取行为。先占的主体必须是国家，而先占行为则必须是一种国家行为，先占的客体应该是不属于任何国家或为原属国放弃的无主地。当然，在殖民时期，西方殖民者也常常将仅有土著部落居住的土地视为无主地实施先占。

一般来说，先占的效果在于排除其他国家对该土地的占取，仅对该土地取得初步的权利。一国在对一个无主地实施先占之后，还必须行使行政管理，这样一来，先占才算完成，具有国际法效力。一旦先占行为完成，则被占领的土地就成为占有国领土的一部分。对先占领土实施行政管理可包括多方面措施，例如，对于一般领土，应设立居民点、悬挂国旗、建立行政机构等。当然，人们普遍承认，对于远离大陆的无人居住的荒岛来说，先占可以仅仅是象征性行为即可。

因此，先占与上述的时效取得和有效占领是有差别的，最本质的区别是先占的对象必须是无主地。

二、日本并未完成对钓鱼岛在国际法意义上的“有效占领”或“时效取得”

对照日本对钓鱼岛的种种行为，可以清楚地看出，日本对钓鱼岛并未实现国际法意义上的有效占领（俗称“实际占领”或“实际控制”），也并不构成时效取得。

首先，从最初权利取得方式来看，日本官方档案显示，日本是在1895年以内阁通过秘密阁议方式将钓鱼岛写入日本领土范围的，这属于窃取的方式。日本此举并不符合国际法上对时效取得和有效占领的标准，即必须是公开的。

其次，第二次世界大战后，对于《旧金山和约》损害中国领土主权的规定，对于20世纪70年代初美国所谓的将钓鱼岛的“施政权”非法交给日本等事件，中国政府均公开明确地表达了强烈的抗议。中国政府此举有效地阻断了日本对钓鱼岛的持续占有，表明日本对钓鱼岛的占领已经不是和平的、不间断的。

再次，自20世纪70年代以来，中国民间保钓人士屡次登临钓鱼岛或进入钓鱼岛周边12海里海域，宣示主权。这些民间人士的行为虽然属于私人行为，但是他们的言行强烈地表达出为其所属国——中国拥有对钓鱼岛主权的意愿，因此民间保钓行为也构成证明钓鱼岛属于中国的重要证据。针对日本官方和民间在钓鱼岛及其附近海域的种种非法行为，中国政府均提出明确、公开的抗议。中国官方和民间的举措具有国际法效力，均有力地证明了日本对钓鱼岛并未能实施持续、和平地占有。

最后，自20世纪80年代末以来，日本官方与民间相互勾结，在钓鱼岛搞了许多名堂。例如，所谓的“租借”、登岛搞灯塔维修、岛礁名称命名、“购岛”、议员登岛、“到钓鱼岛海域去钓鱼”、到美国刊登广告和“国有化”等，频频出招，咄咄逼人；日本海上保安厅也逐渐加强对中方政府公务船和民间船只进入钓鱼岛周边海域的监控和抓扣。日本搞这些名堂，本质上是企图通过对钓鱼岛及其附近海域实施管控，逼迫中国承认和接受既成事实，达到最终侵吞钓鱼岛的目的。针对日本这些得寸进尺的行径，中方做出的是有克制的、必要的反应。依据国际法规则，中国方面的正式抗议和有力反击具有非常重要的意义。倘若一旦中国未能提出公开的正式抗议或采取必要的反制措施，在国际法上将具有默认的效果。

总之，无论从领土取得的国际法规则和制度以及相关的国际判例角度看，还是从中国官方2012年3月对钓鱼岛等71个岛礁进行命名管理和民间人士登岛等事实看，日本目前并未能完成对钓鱼岛国际法意义上的有效占领（即俗称的“实际控制”），因此，日本对钓鱼岛及其附近海域所采取的各种监视和监管等措施都属于非法的，并不具有国际法效力；中方的抗议和反制措施则属于完全必要的、合法的。

三、结论与思考

结论一：对照国际法有关规则和制度看，日本目前对钓鱼岛及其附近海域实施监视和管控行为是非法的，不具有国际法上的合法性。同时，非常有必要指出的是，事实表明，一直以来都是日本方面不断地在钓鱼岛问题上先挑起事端，中方迄今为止采取的都只是应对和反制的措施，并未主动出击。

结论二：从有关领土争议的国际判例看，法官和仲裁员裁量的原则和标准之一是，争端国的意愿显示，即争端国对取得和拥有争议领土的意愿是否强烈。而国家意愿显示的最直观标准就是争端国对争议领土是否采取了有效的行政管理。裁量的原则和标准之二是，国际法院和仲裁庭的裁决结果将是否有利于稳定既有秩序。正是基于上述原则和标准，在争议当事国之间没有任何一方拥有明显优势证据的情况下，一国对于争议领土的长期有效的实际控制，对于法官和仲裁员最终判决该领土主权的归属产生着决定性的影响。

思考一：对于日本方面不断提出的旨在加强对钓鱼岛及其附近海域实际管控的种种举措，我国政府应继续不断地提出正式抗议，并应采取坚定有力的反制举措，明确表达我国对于钓鱼岛主权的国家意愿，使日本侵占钓鱼岛的行径无法满足国际法上的持续性与和平的占领标准，使之不具有合法性。

思考二：针对日本方面今年以来更加得寸进尺、咄咄逼人的态势，我方有必要思考和调整斗争策略，应通过官方和民间多方面的渠道，采取更加积极的姿态，表明中国官方和民间共同维护钓鱼岛领土主权的坚定决心，向日本方面发出正确的信息，彻底地打消日本单方面控制钓鱼岛附近海域的企图，迫使日本回到理性的“搁置争议”而不是单方面不断挑起事端的立场。

思考三：如若日本一意孤行，继续抛出种种借口，企图造成对钓鱼岛及其附近海域实际管控的既成事实，加剧中国人民的反感和对抗情绪，引发钓鱼岛紧张局势，那么我方也相应地要采取更加有力的举措，使钓鱼岛海域保持适度的争议状态，形成对峙，并逐步过渡到于我国有利的态势，为未来钓鱼岛争端的最终解决奠定坚实的事实基础和法律基础。

（2012 年 8 月 31 日）

白皮书敦促日本履行国际法义务

疏震娅

2012年9月25日，中华人民共和国国务院新闻办公室发表了《钓鱼岛是中国的固有领土》白皮书，全面阐述了中国对钓鱼岛及其附属岛屿拥有无可争辩的主权的历史法理依据。白皮书阐明了日本试图侵占钓鱼岛的实质是对《开罗宣言》《中美英三国促令日本投降之波茨坦公告》（以下简称《波茨坦公告》）等国际法律文件所确立的战后国际秩序的挑战，严重违背了日本应承担的国际法义务。

一、相关国际法律文件确定“二战”后日本领土范围

1937年7月7日，日本发动全面侵华战争。1941年12月9日，中国发布《中华民国政府对日宣战布告》，正式对日本宣战。布告提出，中日间所有一切条约、协定、合同，有涉及中日关系者，一律废止。《马关条约》当然也在废止之列。日本应向中国归还依《马关条约》割让的台湾及包括钓鱼岛在内的所有附属岛屿。

1943年12月1日，中国、美国、英国三国首脑发表的《开罗宣言》规定，“三国之宗旨在剥夺日本自1914年第一次世界大战开始后在太平洋所夺得或占领之一切岛屿，在使日本所窃取于中国之领土，例如满洲、台湾、澎湖群岛等，归还中华民国。日本亦将被逐出于其以武力或贪欲所攫取之所有土地”。《开罗宣言》从国际法上确认了日本掠取中国领土的非法性，规定必须返还中国。

1945年7月26日，美国、中国、英国三国联合发表的《波茨坦公告》第8条规定，“《开罗宣言》之条件必将实施，而日本之主权必将限于本州、北海道、九州、四国及吾人所决定其他小岛之内”。《波茨坦公告》重申了《开罗宣言》宗旨，即剥夺日本掠取自他国的领土，并对日本的领土范围予以限定，其中不包括钓鱼岛。

《开罗宣言》和《波茨坦公告》构成了安排“二战”后国际秩序的基础性文件。1945 年 8 月 15 日，日本裕仁天皇颁布《停战诏书》，宣布接受《波茨坦公告》，同意无条件投降。9 月 2 日，日本正式签署《日本投降书》，向同盟国无条件投降，“承允忠实履行波茨坦宣言之条款”。《日本投降书》确认了《开罗宣言》和《波茨坦公告》对日本设定的放弃非法攫取的土地和自身领土范围的限制等各项义务。

《中华民国政府对日宣战布告》《开罗宣言》《波茨坦公告》和《日本投降书》等国际法律文件组成了环环相扣的国际法律链条。台湾及包括钓鱼岛在内的所有附属岛屿都是日本利用甲午战争胜利之机而侵占，属于上述国际法律文件规定的被日本非法掠取的中国领土，理应归还中国。

二、中日间的邦交文件再次确认日本应履行的国际义务

20 世纪 70 年代，中日间的邦交文件也确认了上述国际法律文件对日本设立的义务。1972 年的《中华人民共和国政府和日本国政府联合声明》（《中日联合声明》）第 3 条规定，日本“坚持遵循波茨坦公告第八条的立场”。日本的这一表态，足以表明日本不享有钓鱼岛主权，必须将钓鱼岛归还中国。这是日本必须履行的国际法义务。1978 年的《中华人民共和国和日本国和平友好条约》（《中日和平友好条约》）确认，《中日联合声明》“是两国间和平友好关系的基础，联合声明所表明的各项原则应予严格遵守”。这就将《中日联合声明》的内容以法律形式确认下来，使这两个文件形成一个整体。这两个文件实际上是在中日双边关系框架下重申《波茨坦公告》和《日本投降文书》规定的日本应返还非法掠取自中国的领土的义务。

三、“旧金山和约”不能对抗中国对钓鱼岛的主权

日本在钓鱼岛问题上一味强调“旧金山和约”，并将其作为日本阐述官方立场时一再援引的重要条约证据。

“旧金山和约”将中国排除在缔约方之外，对中国并不具有拘束力。根据《维也纳条约法公约》，条约对缔约国有约束力，但不能以条约将权利或义务强加于第三国，除非第三国书面表示接受。中华人民共和国政府在“旧金山和约”订立过程中以及订立之后，曾多次表达对这一安排的抗议。例如，在旧金山会议召开前的《周恩来外长关于美英对日和约草案及

旧金山会议的声明》、“旧金山和约”签订后的《中华人民共和国中央人民政府外交部部长周恩来关于美国及其仆从国家签订旧金山对日和约的声明》以及“旧金山和约”生效后的《中华人民共和国中央人民政府外交部周恩来部长关于美国宣布非法的单独对日和约生效的声明》，都声明不接受“旧金山和约”。因此，日本无权援引“旧金山和约”作为对抗中国主权要求的法律依据。

钓鱼岛自古就是中国领土。“二战”后，日本理应依据《开罗宣言》《波茨坦公告》和《日本投降书》等国际法律文件的规定，将钓鱼岛归还中国。中日邦交文件再次确认了上述国际法律文件的规定。日本在钓鱼岛问题上的错误行径，实质是对上述国际法律文件所确定的战后对日安排和亚太地区秩序的蔑视和翻案，是对世界反法西斯战争胜利成果的否定和挑战。

（2012年9月26日）

菲律宾单方提起强制仲裁是怎么回事

密晨曦

2013 年 1 月 22 日，菲律宾向中国提交了就南海问题提起国际仲裁的照会及通知。2 月 19 日，中方声明不接受菲方所提仲裁，将菲方照会及所附通知退回。菲方不顾中方反对，单方面强硬推进仲裁程序。

一、菲律宾为何提起强制仲裁

菲律宾为何不顾中国反对，执意提起仲裁程序？这要从黄岩岛事件说起。2012 年 4 月 10 日，菲律宾军舰在黄岩岛附近水域非法抓扣中国渔民渔船，被赶来解救的中国海监制止。菲方军舰与中国海监执法船在黄岩岛海域对峙。此间，菲方扬言要到国际海洋法法庭与中国打官司。中国外交部表示，黄岩岛是中国的固有领土，不存在提交国际诉讼的问题。菲律宾也知道以岛礁主权问题为由寻求国际司法机制解决行不通，于是避开岛礁主权和海域划界等文字表述，试图绕开中方保留事项，将南海相关问题包装成《联合国海洋法公约》（以下简称《公约》）相关条款的“解释和适用”问题，利用《公约》附件七下的强制仲裁程序，试图将中国强行拖入国际司法程序。

然而，早在 2006 年 8 月 25 日，中国政府就向联合国秘书处提交了书面声明，明确表示对涉及海洋划界、领土争端和军事活动等争端，不接受《公约》第十五部分第二节规定的任何国际司法或仲裁管辖。发表这一声明是中国依据《公约》第 298 条的规定行使的一项权利。

二、中国为何不应诉

中菲争议的实质是领土主权和海域划界问题。中菲之间的南海争端，从其形成到发展至今，涉及复杂的历史、法律和地缘政治等诸多因素，不是单纯的《公约》条款的“解释和适用”问题。《公约》不是规范国家间领土主权争议的国际条约，也不是裁判此类争议的依据。中国与菲律宾在南海有关争端的根源是菲方非法侵占中国南沙群岛部分岛礁引发的领土主权争议。中国对南沙群岛及其附近海域拥有无可争辩的主权，这有着充分的历史和法理依据。菲律宾外长于1月22日发表声明，称菲方提起仲裁案的目的是为中菲南海争端获得一个永久的解决。菲律宾所提诉求，包括南海断续线的法律地位以及相关岛礁等的法律性质等，旨在确定两国管辖海域的范围以及相关的权利和义务，实质上与以下两个问题紧密相关：一是菲方非法侵占中国南沙群岛部分岛礁而引发的岛屿主权争议；二是两国因在南海主张的管辖范围重叠而引发的海洋划界争端，而领土争端和海域划界是中国依据《公约》第298条声明排除强制管辖的事项。

菲方仲裁通知存在诸多错误和不实之控。菲律宾在提交强制仲裁前，未尽《公约》第283条规定的“交换意见的义务”以及第295条规定的“用尽当地补救办法”等义务，对中国提出的当事国通过友好协商和双边谈判妥善处理的主张置若罔闻。中菲从未明确提出过各自主张海域的确切范围，也未就此进行过详尽磋商。菲仲裁通知中关于中国在南海的主张的指控存在多处不实之处，且存在严重违背一个中国原则的表述。

中国一贯主张通过谈判和平解决南海争端。中国主张依据国际法，尊重历史、尊重事实，通过双边协商和谈判处理与邻国的领土和海洋权益争端。对于一时难以解决的争端，中国提出了“搁置争议，共同开发”的倡议。根据《联合国宪章》和《公约》等国际法，中国作为主权国家有权利选择和平解决争端的方法。由直接有关的主权国家通过谈判解决有关海洋争议，也是中国与东盟国家在《南海各方行为宣言》（以下简称《宣言》）中达成的共识。在《宣言》中，各方承诺“根据公认的国际法原则，包括1982年《公约》，由直接有关的主权国家通过友好磋商和谈判，以和平方式解决领土和管辖权争议”；各方承诺“保持自我克制，不采取使争议复杂化、扩大化和影响和平与稳定的行动”。

三、菲律宾为何能单方推动仲裁程序

依据一般国际法，进行第三方裁决，通常需要获得双方的同意。如《国际法院规约》第36条明确规定，国际法院对国家间诉讼案件的管辖权，需基于争端当事方的同意。与此不同的是，《公约》在第十五部分第二节规定了导致有拘束力裁判的强制程序。若争端各方未接受同一程序解决争端，除另有协议外，争端国可单方诉诸附件七规定的仲裁。菲律宾正是利用了这一程序。鉴于中国已依据《公约》第298条作出声明，对涉及领土归属、海洋划界等问题的争端排除了强制管辖，菲律宾将南海问题包装成“在专属经济区的权利义务”“岛礁法律地位”等诉由，在中国不应诉的情况下，单方面推动强制仲裁程序的进展。

按照《公约》附件七的规定，菲律宾向中国发出书面通知，即视为启动仲裁程序。仲裁庭应由5名仲裁员组成，当事国可各提名一位仲裁员，另外3位仲裁员由当事各方以协议指派。菲律宾提名了德国籍国际海洋法法庭法官吕迪格·沃尔夫鲁姆。按照程序规定，中方在收到通知的30天内，可指派一位仲裁员。因中国不应诉，没有指派仲裁员。菲律宾在该期限届满的14天内，提出了指派仲裁员的请求。根据附件七的规定，国际海洋法法庭的庭长须在收到请求后的30天内作出必要的指派，且指派的仲裁员应属不同国籍，不得是争端任何一方的国民。波兰籍法官斯坦尼洛夫·帕夫拉克正是依据上述相关程序规定被指派的第二位仲裁员。

四、事情还会怎样发展

接下来，如菲律宾继续一意孤行，庭长可能将依据相关程序规定指定另外3位仲裁员。如果组成了仲裁庭，该庭首先面临的是它有无管辖权的问题。要回答这个问题，以下因素是不能回避的：南海争端实质上是领土主权和海域划界问题，根本不是什么《公约》条款的“解释和适用”问题；中国已于2006年声明排除关于领土主权和海域划界的争端的司法管辖；中国与菲律宾等东盟国家在《宣言》中已达成通过友好磋商和谈判解决南海争端的共识；菲方有关照会及所附通知在事实和法律上存在严重错误等。下一步将如何发展，我们拭目以待。

链接：强制仲裁是怎么回事

《公约》第十五部分就缔约国间关于《公约》的解释和适用的争端的解决作了规定。该部分强调缔约国要用和平方法解决争端，包括谈判、协商等政治方法和司法机制裁判的法律方法。《公约》尊重缔约国自行选择和平方法解决争端，自行选择和双方协议始终处于优先的地位。在缔约国已采取了《公约》第十五部分第一节规定的和平解决争端的方法，但仍未能解决争端的情况下，导致有拘束力裁判的争端解决程序才能适用。

《公约》在第十五部分第二节规定了4种争端解决机制，分别是国际海洋法法庭、国际法院、按《公约》附件七组成的仲裁法庭和按照《公约》附件八组成的特别仲裁法庭。以上4种方法由缔约国采用书面声明的方式自由选择。若争端一方未就此作出选择，或是争端各方未能作出一致选择，有关争端国可不经另一争端国的同意，单方面提交附件七规定的仲裁。依据附件七成立的仲裁庭，如果争端一方不出庭或不进行辩护，不妨碍仲裁程序的进行，仲裁庭可继续进行程序并作出裁决，该裁决具有法律拘束力。菲律宾正是利用了这一程序。《公约》同时允许缔约国以提交书面声明的方式，对有关争端，可排除导致有拘束力裁判的争端解决程序的适用。

（2014年4月8日）

所谓的“裁决”丧失了公正性和合法性

贾　宇

2013年1月22日，菲律宾向中国发出书面通知，突然将中菲在南海的争议提交《联合国海洋法公约》（以下简称《公约》）附件七仲裁。2013年2月19日，中国拒绝接受并退回菲方的书面通知，清楚地表明了中国“不接受、不参与”菲律宾单方面提起的所谓仲裁的立场，中方重申一贯坚持的南海争议应由有关当事方通过双边协商谈判解决的立场。2014年3月，菲律宾向仲裁庭提交了状告中国的材料，提出了15项诉求。2014年5月21日，中国向常设仲裁院发出照会，重申“不接受菲律宾提起的仲裁”的立场。2014年12月7日，中国政府发表了《中华人民共和国政府关于菲律宾共和国所提南海仲裁案管辖权问题的立场文件》，指出仲裁庭对菲律宾单方面提起仲裁没有管辖权。仲裁庭在南海仲裁案的程序问题和实体问题上都犯了错误。

中国政府反复重申仲裁庭对菲律宾违背承诺、强加给中国的仲裁案没有管辖权，非常清楚地表明中国不接受、不参与这个所谓仲裁的立场。然而，仲裁庭还是于2015年10月29日就管辖权和可受理性问题，“全体一致”地裁定：对菲律宾15项诉求中的7项（第3项、第4项、第6项、第7项、第10项、第11项和第13项）具有管辖权；对其他诉求的管辖权问题的审理保留至实体问题阶段。

一、仲裁庭对菲律宾单方面提起的仲裁没有管辖权

菲律宾非法侵占中国南沙群岛部分岛礁引发的领土主权争议是中菲南海争端的核心，领土主权问题不属于《公约》的调整范围。《公约》不是解决国家间领土主权争议的国际条约，也不是裁判此类争议的依据。仲裁庭无视菲律宾侵犯中国南沙岛礁领土主权的客观事实，将错就错地接受菲

律宾对领土主权问题的“包装”，裁定其对本案具有管辖权。除了岛礁领土主权争端之外，中菲两国还存在着海洋划界的争端，这恰恰是中国依据《公约》第298条声明排除强制管辖的事项，仲裁庭也没有管辖权。

根据《公约》，仲裁庭的管辖权限于“有关《公约》的解释或适用的争端”。而中菲争议的实质是领土主权和海域划界问题，对菲律宾单方面提起的所谓“仲裁案”，仲裁庭显然没有管辖权。仲裁庭自裁具有管辖权，是一种扩权和滥权之举，严重影响国际社会对《公约》所设争端解决机制的认识和信赖。

二、仲裁庭关于实体问题的所谓“裁决”背离国际法治

2016年7月12日，仲裁庭发表了关于实体问题的“全体一致”“裁决”，内容荒谬不公，令人莫名惊诧。仅举两例：

其一，仲裁庭认为，尽管在《公约》关于专属经济区的谈判中讨论了对渔业资源的既存权利问题，但历史性捕鱼权被《公约》所拒绝。历史性权利已经在与《公约》关于专属经济区的规定不一致的范围内归于消灭。

事实上，《公约》赋予沿海国在其专属经济区内对包括渔业资源在内的自然资源养护和开发的主权权利，同时，《公约》也对传统捕鱼权予以肯定，要求沿海国应妥为顾及惯常在其专属经济区海域捕鱼国家的利益。

具体表现为，沿海国对专属经济区内自然资源的主权权利受到两个条件的限制：一是适当顾及其他国家的权利和义务，二是以符合《公约》规定的方式行事。这表明：《公约》一方面赋予沿海国在其专属经济区内对包括渔业资源在内的自然资源养护和开发的主权权利；另一方面要求沿海国应妥为顾及惯常在其专属经济区海域捕鱼国家的利益。应该说，《公约》所建立的专属经济区制度并没有否定传统捕鱼权，而是适当顾及了此项权利的效力。

“裁决”认定，即使中国在南海曾经享有对资源的历史性权利，这项权利也因与《公约》的海洋区域系统不相符合而消亡，这种解释过于牵强和武断。历史性权利来源于习惯国际法，遍翻《公约》，找不到任何条款来证明历史性权利被《公约》所取代。恰恰相反，《公约》在序言中确认，“本公约未予规定的事项，应继续以一般国际法的规则和原则为准据”。

“裁决”用《公约》否定一般国际法规则，否定中国远早于《公约》就已确立的既存权利，荒谬不公，何以服人？

其二，仲裁庭置明显的事实和法理于不顾，对我国台湾地区提供的有关太平岛的客观证据完全视而不见，也没有援引任何有分量的国际判例或其他国际法渊源，就执意认定太平岛不属于可以主张专属经济区和大陆架的岛屿，背离客观公正的法治精神，成为菲律宾的代言人。

《公约》第121条用3款规定了岛屿制度，像“冲之鸟”一样“不能维持人类居住或其本身经济生活的岩礁”，不应有专属经济区和大陆架。对国际社会经过平衡妥协达成的《公约》条款，仲裁庭“艺高人胆大”地进行了解释和具体化，提出了可以主张专属经济区和大陆架的岛屿的条件：在自然状态下能维持一个稳定的人类社群或不依赖外来资源或纯采掘业的经济活动的客观承载力。这种武断而苛刻的解释缺乏国家实践的支持，也无其他国际司法或仲裁机构裁判的先例。仲裁庭自设标准，认定南沙群岛中的海洋地形无一满足这个标准。这种结论先行的论证无视基本事实，把南沙群岛中面积最大、自然条件最好、植被丰富、有淡水、有人居的太平岛降格为礁。事实上，2016年3月台湾地区有关国际法学术机构提交的“法庭之友意见书”表明，中华先民在太平岛的居住，关于太平岛淡水、土壤、植被等涉及农业生产、经济生活等方面的几十项证据，足以证明太平岛可以划设领海、专属经济区和大陆架等管辖海域。一些国际知名专家、学者和媒体人士身临其境，见证了太平岛具有国际法上的岛屿属性。

“裁决”蛮横任性地变岛为礁，不但大大减损了太平岛产生专属经济区和大陆架的作用，也为仲裁庭进行越权的海域划界做了铺垫——既然所有高潮时高于水面的岛礁（包括太平岛、中业岛、西月岛、南威岛、北子岛、南子岛）在法律上均为无法产生专属经济区或者大陆架的“岩礁”，中菲之间就不可能存在重叠海域；没有重叠海域也就不存在海域划界问题。如此一来，菲律宾的海域诉求就都可以得到满足，这就达到了未经划界而实际上划界的目的。

仲裁庭对其明显没有管辖权的事项行使管辖权，扩权滥权，有悖《公约》争端解决机制和平解决争端的根本目的；“裁决”无视南海的历史，错误认定事实，曲解《公约》条款，恶意规避中国的排除声明，背离国际仲裁的一般实践，损害《公约》的权威性和完整性。正如美国弗吉尼亚大学海洋法律和政策中心主任迈伦·诺德奎斯特所言，仲裁庭的做法是公然的政治愚蠢，“裁决”不但不能解决问题，反而会放大问题。更有甚者，这将严重扰乱南海相关国家和平解决争端的正常进程。这个所谓的“裁决”可能开启纵容滥诉的恶劣先例，国际社会对此应该予以足够的警惕。

（2016 年 7 月 19 日）

从历史性捕鱼权看南海“仲裁”的谬误

付　玉

应菲律宾单方面请求建立的南海仲裁案临时仲裁庭违背《联合国海洋法公约》（以下简称《公约》）有关适用仲裁程序的限制性规定，于2016年7月12日对实体问题作出了“裁决”。正如外交部副部长张业遂所明确指出的：“裁决充满程序、法律、证据和事实上的错误，完全没有公正性、公信力和约束力”。该“裁决”中关于历史性捕鱼权的有关内容就是其不严谨、不客观、不公正的力证之一。

一、临时仲裁庭关于中国历史性捕鱼权的有关裁决存在法理谬误

在对实体问题的裁决中，临时仲裁庭认为“中国并无在《公约》规定的权利范围之外，主张对‘九段线’之内海域的资源享有历史性权利的法律基础”。也就是否定了中国在南海断续线内享有历史性捕鱼权。临时仲裁庭的依据主要是：在《公约》谈判过程中，关于在《公约》所设海洋区域中保留历史性捕鱼权的要求被拒绝；《公约》的最终文本对在专属经济区和大陆架内其他国家曾经享有的历史性权利予以了取代。临时仲裁庭就此得出结论，“即使中国在南海水域范围内对资源享有历史性权利，这些权利也在与《公约》的海洋区域系统不相符合的范围内，已经随着《公约》的生效而归于消灭”。临时仲裁庭的此番论述存在着法理谬误。

首先，包括历史性捕鱼权在内的历史性权利所代表的国际习惯法是现代海洋法的重要组成部分。临时仲裁庭反复强调《公约》在规范海洋活动时的综合性和全面性，借以掩盖一个海洋法领域的基本常识——《公约》并不是国际海洋法的全部，无法规范所有的海洋法问题，而且并非所有的国家都是《公约》缔约国，包括习惯法在内的其他法律渊源的规则仍然发

挥相关作用。《公约》在序言中即确认"未予规定的事项，应继续以一般国际法的规则和原则为准据"。历史性捕鱼权是一项国际习惯法规则。历史上形成并通过长期使用流传至今的历史性捕鱼权利，并不因《公约》而消失，除非《公约》或其他实在国际法明确撤销了这项权利。

其次，《公约》并未否定历史性捕鱼权。《公约》虽然没有对历史性捕鱼权及其在别国专属经济区内的地位作出专门规定，但意识到了历史性捕鱼权的现实意义，在专属经济区、群岛国和海域划界等制度中均有所安排。在专属经济区制度中，《公约》规定沿海国在分配渔业资源剩余可捕量时允许具有历史性捕鱼权的国家入渔。在群岛国制度中，《公约》规定群岛国应承认直接相邻国家在群岛水域范围内的某些区域内的传统捕鱼权利和其他合法活动。南海仲裁案的"裁决"在对历史性捕鱼权是否仍具有法律效力方面前后矛盾、逻辑不清，一方面不得不承认《公约》"为其他国家在专属经济区内保留了有限的获取渔业资源的权利"；另一方面又武断作出《公约》所确立的专属经济区制度取代了历史性捕鱼权的结论。

再次，历史性捕鱼权仍为国家实践和国际法律实践所认可。1982 年《公约》生效之后，关于历史性捕鱼权的国家实践仍在亚太等区域广泛存在。我国在与日本、韩国和越南等周边国家进行渔业谈判和签署渔业协定时专门对历史性捕鱼活动进行了安排。新加坡和马来西亚同意在白礁、中岩礁和南礁周围 0.5 海里外的海域，两国渔民在历史上长期形成的捕鱼活动可继续进行，从而认可了对方的历史性捕鱼权。在《公约》通过和生效之后，历史性捕鱼权仍在国际司法和仲裁实践中得到认可，认为历史性捕鱼权作为一项长期存在的传统权利，应受到国际法的尊重和保护，最有代表性的是厄立特里亚—也门仲裁案。该临时仲裁庭在裁决岛礁主权归属和确定海域界限的同时，规定保留在所涉海域的传统捕鱼制度，充分体现了对历史性捕鱼权的认可。同时，在国际司法判决实践中，也存在着诸如缅因湾海洋划界案和卡塔尔诉巴林案件的判例，国际法院出于种种考虑拒绝了有关诉讼方关于承认历史性捕鱼权的具体请求，但并没有认为历史性捕鱼权作为一项国际习惯法规则已经消失。国际法院在具体案件的审理过程中，需要结合各种具体情势，判断一项规则或权利的适用性。临时仲裁庭并没有全面、客观地考察这些相关国家实践和国际法律实践。

二、临时仲裁庭对于历史性捕鱼权的裁决前后不一，区别对待

“裁决”否认中国在南海断续线内具有历史性捕鱼权，但却赋予菲律宾在黄岩岛周围水域以历史性捕鱼权，只不过是包装在“传统捕鱼权”这一名目下。临时仲裁庭据此裁决中国自2012年5月黄岩岛事件发生后，阻止菲律宾渔民在黄岩岛周围水域开展捕鱼活动的行为非法。

传统捕鱼权强调作业方式和工具上的原始性，以区分于使用现代技术和渔船的工业捕捞。《公约》和其他国际条约并没有对传统捕鱼权和历史性捕鱼权加以区分。传统捕鱼权在权利基础上与历史性捕鱼权相同，均来源于长期的利用实践，在适用于别国管辖海域时，可以视为与历史性捕鱼权是相同的权利。“裁决”明确提及菲律宾所寻求的所谓的“渔民追求传统生计的权利”是“历史性捕鱼权”，也就是所赋予菲律宾的“传统捕鱼权”和“历史性捕鱼权”是相同的权利。对于同一种权利，涉及中国时，临时仲裁庭以中国的权利不符合《公约》所建立的海洋区域制度为由予以否认；而涉及菲律宾时，临时仲裁庭则千方百计的为其主张寻求依据。退一步分析，即使历史性捕鱼权和传统捕鱼权是迥然不同的资源利用权利，临时仲裁庭认可了菲律宾在黄岩岛周围海域（不考虑其主权归属）的传统捕鱼权，那么中国在南海断续线内的南海岛礁附近长期存在的独特的“潜水捕捞”等传统、手工的作业方式为何完全被临时仲裁庭所忽略？最明显的例子是海南潭门镇渔民长期在南海珊瑚礁中潜水捕捞海珍品。临时仲裁庭如此前后矛盾、区别对待，如何体现法律的公正性？

总之，该“裁决”有关历史性捕鱼权的解释是对《公约》的曲解，其论述和结论武断、牵强，无法令人信服，这更加暴露了南海仲裁案包装在法律外衣下的政治操控的本质。仲裁案在管辖权和程序方面是非法的，在实体裁决方面存在重大漏洞和偏颇，表现出对中国南海权利主张的深度歧视，丧失了作为国际裁决的效力和公信力。“非法行为不产生合法效力”，无效的裁决不具有约束力，不可能得到执行，对于解决南海争议没有价值。菲律宾应认识到这一裁决无法使其获得南海权益方面的法律优势，正确的解决方式是回到双边谈判协商的轨道上。

（2016年8月10日）

海峡两岸应共同维护中华民族的祖宗海

李明杰

一、海峡两岸在南海的主张一脉相承

众所周知，南海诸岛自古以来就是中国的领土，中国人民在南海的活动已有2000多年历史。根据现有文献记载，中国人民最早发现、命名和开发利用南海诸岛，取得了南海诸岛的主权。中国历代政府也采取通过列入地方管辖范围、水师巡视、标绘于舆图（指古代的地图）等多种方式对南海诸岛行使主权和管辖权。第二次世界大战结束后，中国收复日本在侵华战争期间曾非法侵占的中国南海诸岛，并恢复行使主权。

自第二次世界大战以后，两岸中国人虽然走上截然不同的发展道路，但两岸共同维护南海岛礁主权，已形成了法理同源、行动默契、信念共守的态势，这既是对中华民族祖产的守护，也是未来两岸在南海合作的重要基础。

大陆方面，自1949年以来，先后以立法、声明、白皮书、公告等形式主张南海诸岛的主权和海洋权益。1958年《中华人民共和国政府关于领海的声明》、1992年《中华人民共和国领海及毗连区法》、1998年《中华人民共和国专属经济区和大陆架法》以及1996年全国人大常委会《关于批准〈联合国海洋法公约〉的决定》等系列法律文件，进一步确认了中国在南海的领土主权和海洋权益。

以军事手段有力回击了他国对南海岛礁的侵占。1974年西沙海战，收复了被占的西沙珊瑚岛、金银岛、甘泉岛三岛。1988年3月14日，在赤瓜礁中国海军被迫还击，随后进驻七礁八点，也才有了目前两岸共守南沙的局面。

近年又通过渔业活动、维权巡航执法、岛礁建设等方式继续维护南海权益。

台湾方面，20世纪40年代，国民党守岛部队一度退回台湾。1956年年初，菲律宾人克洛马侵占南沙群岛若干岛礁，并宣布建立“自由邦”，台湾当局多次向菲律宾提出抗议，并于1956年重新驻守，才使南沙最大的岛屿太平岛重新置于实际管辖之下。

与大陆一样，台湾也通过一系列的“立法”、声明、文告等形式主张南海岛屿主权和海洋权益。

二、国民党维护南海主权得到各方肯定

自2013年美国鼓动菲律宾提起南海仲裁案后，一直就九段线与南海历史性权利问题向两岸施压。2014年9月13日，美国在台协会主任司徒文公开讲话，呼吁台湾放弃南海断续线主张，以图自源头上扼杀两岸在南海的历史性权利。

马英九时期曾在岛内通过举办南疆史料展、邀请学者和媒体登太平岛、亲赴太平岛宣示主权、以“中华民国”国际法学会的名义发布法庭之友文件等形式维护南海诸岛主权、南海历史性权利和太平岛的岛屿地位。

马英九及国民党当局为维护南海主权和海洋权益所做的努力，不仅得到了岛内民众、国际社会的肯定，同时也起到了以下两个方面的作用：

一是向国际社会表达了中华民族坚守南海岛屿主权的决心。台湾通过南疆史料展向国际社会展示了中国发现、利用南海以及维护南海主权的历史文献，通过国际媒体登岛宣传，展示了台湾驻守的太平岛具备岛屿地位的事实，有力维护了中国在南海的海洋权益。

二是对未来台湾处理南海问题划定了一道“防火墙”。在美国的鼓动下，民进党曾放出消息要“放弃台湾现有的U形线为界线对南海主权的主张”，岛内部分亲日、亲美和台独势力持相近观点的不在少数。马英九及国民党当局为维护南海主权和海洋权益的所作所为，无疑对于部分妄想以出卖中华民族主权的人物和团体划定了一道“防火墙”。

三、共护祖产是民进党的必然选择

南海岛屿主权和海洋权益是祖先留给包括两岸在内整个中华民族的历史遗产，两岸都有责任共同守护。民进党在南海问题上无法回避，必

须作出选择。

一是必须遵守台湾目前的“宪政体制”。在目前台湾的“宪政体系”下，南海属于固有疆域，蔡英文作为台湾地区的领导人，面临着守土责任，在任内失去“国土”必将被写入历史，遭到后人唾弃。南海仲裁案后，蔡英文及民进党当局的相关表态，其中的执行“一中宪法”、坚持维护南海岛屿主权，较之民进党的过去做法已有较大进步。

二是必须尊重岛内维护南海主权的民意。近日，台湾岛内海权意识空前高涨，先是海军和海巡先后派舰巡航太平岛，接着蓝绿“立委”团结一致赴太平岛视察，再有蔡英文老家屏东渔民自发赴太平岛宣示渔权。虽然国民党下台，但台湾民调显示，岛内民众对马英九护渔、保太的一系列做法非常支持和赞同。民进党过去一直以代表民意自居，在这次空前的维护南海主权和海洋权益的民意面前，蔡英文及民进党同样需要深思。

三是必须重视两岸关系和平发展。对民进党来说，目前最迫切的是如何提振台湾的经济使台湾民众能够看到民进党执政的能力。按照目前台湾的经济结构和对外贸易体系，跨太平洋伙伴关系协定（TPP）的不确定性和其“新南进政策”短期内不可能见到成效，其经济发展不可避免还要依靠内陆。民进党上台后，特别是对“九二共识”的态度，使两岸关系发展面临着自2008年以来最大的危机。此次南海仲裁案被美国打脸，蔡英文应该更明白国际政治的形势，认识到台湾在美国心目中处于何种地位。

从中华民族五千年的历史发展轨迹来看，目前两岸分离只是暂时的，台湾终将要回归祖国怀抱。中国有句古话叫“兄弟阋于墙，外御其侮”。南海仲裁案，是对整个中华民族利益的侵犯，更需要包括两岸在内的全体炎黄子孙精诚团结、一致对外，共同维护中华民族的利益。

（2016年8月17日）

南沙群岛法律地位辨析

张　颖

海洋中的群岛、岛屿、礁石和低潮高地等自然地形，因其大小，位置、自然地理和地质条件与陆地或其他岛屿的距离远近等因素不同，具有不同法律地位，在确定内水、领海、专属经济区和大陆架等国家管辖海域范围上产生不同的法律效力。

受自然地形复杂、法律规定模糊、相邻国家主张冲突等因素影响，南沙群岛法律地位之争成为南海法律斗争的焦点之一。南沙群岛是否构成《联合国海洋法公约》（以下简称《公约》）下的“群岛”，有必要从条约解释、地理事实和历史实践等角度进行分析，并探讨作为自然地形集合的群岛拥有何种特殊的权利。

笔者从群岛概念的适用和构成标准、南沙群岛符合“群岛”定义、南沙群岛作为整体享有的权利等方面，进行了详细阐述。

一、群岛概念的适用和构成标准

根据《公约》规定，“群岛”是指一群岛屿，包括若干岛屿的若干部分、相连的水域或其他自然地形，彼此密切相关，以致这种岛屿、水域和其他自然地形在本质上构成一个地理、经济和政治的实体，或在历史上已被视为这种实体。此概念没有说明群岛的构成条件和适用范围，对其能否用于大陆国家存在很大争议。

国际社会在第三次联合国海洋法会议上对群岛制度进行了详细讨论，1975 年形成的“单一协商案文”中曾对群岛问题作出规定：“有关群岛国的规定无损于构成一个大陆国家领土一部分的远洋群岛的地位。”由于担心群岛制度对航行自由产生负面影响，这一案文遭到海洋大国的反对。最终《公约》仅为群岛国规定了专门制度，对于大陆国家的远洋群岛能否适用群岛制度采取了回避态度。尽管《公约》回避了这一问题，并不能得出

“群岛”概念不适用于大陆国家的结论。

《公约》规定，“群岛国”一章仅适用于群岛国家，但若因此认为“群岛”的概念应当被群岛国独享，大陆国家不能拥有群岛这种地形，显然与现实情况不符。许多大陆国家也拥有远离陆地领土的海上自然地形的集合，与群岛国的群岛并没有地理构成条件上的差异，只要这些自然地形的集合符合《公约》定义，也应当被认定为群岛。群岛作为一个法律概念应当具有普适性，既然适用于群岛国的群岛，也完全应该适用于大陆国家的群岛。

群岛是以岛屿为基础构成而延展出的另一地形概念。从条约解释的角度来看，判断一组自然地形是否符合群岛的定义，需要从地理、历史、政治和经济等因素进行衡量：存在由若干岛屿的若干部分组成的一群岛屿；岛屿紧密相连或临近；本质上构成一个地理、经济和政治的实体；历史上已被视为一个整体。

从国际司法和仲裁实践来看，政治和经济因素很少作为考量群岛构成的标准。国际上普遍认为，群岛的岛屿在地理上可以视为一个整体，或者历史上已有该种认定，符合地理标准或历史标准二者之一，就可以视为满足群岛的构成要件，且历史标准更占优势。在历史证据明确的情况下，距离标准将处于次要地位。国际实践中，厄瓜多尔的加拉帕戈斯群岛，其外围的两个岛屿 Darwin 和 Wolf 符合历史标准，因此被认定属于加拉帕戈斯群岛。如果没有相反的证据，一旦发现一国总体上对一个实体或自然整体某一部分实施了主权行为，那么可以延伸到整个实体。

二、南沙群岛符合“群岛”定义

南沙群岛是中国南海诸岛中岛礁滩沙最多、分布最广的一个群岛，已发现命名的岛礁滩沙将近 200 个，露出海面的岛屿 11 个，沙洲 6 个，岛礁陆地总面积约 2 平方千米。

南海岛礁自然地理情况表明，南沙群岛属于远离国家陆地领土的一组岛礁。南沙群岛在历史上已被视为一个地理、经济和政治的实体。早在宋元时代，我国就用“千里长沙”“万里石塘”在地图上标绘南沙群岛。明清两代大量的官方地图，如 1724 年的《清直省分图》之《天下总舆图》、1767 年的《大清万年一统天下全图》等均延续这一做法，将南沙群岛内的岛礁作为一个整体进行标注。1935 年、1947 年、1983 年中国政府对南海诸岛的三次命名，更是清楚地列明了南沙群岛作为整体所包括的岛礁名称。此外，南沙群岛作为具有整体性的一组群岛而被命名并标绘在众多的国外地图上，如 1952 年由日本外务大臣签字推荐的《标准世界地图集》之《东南亚图》清楚地标绘出南沙群岛，并注明属于中国；1961 年苏联部长会议直属测绘总局出版的《世界地图集》中亚洲图，用中文拼写出南沙群岛，并注明属中国；1972 年越南总理府测量和绘图局印制的《世界地图集》，使用中文标识（而非越南文）确认南沙群岛为中国领土的一部分。由此可见，我国南沙群岛符合《公约》中“群岛”的定义。

三、南沙群岛作为整体享有的权利

《公约》并没有明确“群岛”的法律地位，规定群岛享有何种具体的权利。从条文中推断，群岛的突出特点是具有整体性，群岛的组成部分不仅包括群岛中的岛屿，还包括其他自然地形、组成群岛的水域。虽然《公约》没有给出自然地形的定义，但根据条约上下文理解，岛屿、岩礁、低潮高地等都应属于自然地形的范畴。也就是说，如果一组自然地形的集合被认定为群岛，那么其中的水域、暗沙、暗滩都应当成为群岛的一部分。

从国家实践来看，许多国家对这种观点也是认同的。1973 年菲律宾宪法第一条，将菲律宾的领海、领空、底土、岛屿礁层及其他海底区域均作为菲律宾群岛的组成部分。2007 年多米尼加共和国颁布第 66/07 法令宣称其群岛的法律地位，将水下许多浅滩和干礁也作为群岛的组成部分。多米尼加认为，这些地形事实上为群岛在水下的自然延伸，足以构成群岛的地理上的统一体。

因此应将南沙群岛作为不可分割的统一体来看待，包括曾母暗沙等暗礁、暗沙在内的水下自然地形都是南沙群岛的一部分。在判断这些自然地形的主权归属问题时，应当考虑其作为南沙群岛组成部分的特殊性，而不是作为单纯的水下暗沙看待。在帕尔马斯岛的判决意见中，法官也认为，关于一组群岛，在某些情况下在法律上被视为一个整体，那么主要部分的命运可以涉及其余是可能的。

海洋中的岩礁和岛屿分别享有划定领海、毗连区、专属经济区和大陆架的权利。作为多个岛屿、其他自然地形构成的群岛，应与岛屿一样，具有划定专属经济区和大陆架等管辖海域的权利。在确定南沙群岛的管辖海域时，也应当考虑群岛的整体特性。一组远离大陆领土的群岛的管辖海域，应当大于群岛中单个岛礁分别划定的管辖海域范围。

四、南沙群岛的直线基线划定

划定南沙群岛的专属经济区和大陆架范围，需要以南沙岛礁领海基线开始测算。对于大陆国家的远洋群岛如何划定领海基线，《公约》中并没有明确的规定。从《公约》起草过程来看，国际社会对大陆国家远洋群岛适用群岛制度存在很大争议。《公约》的回避态度表明，大陆国家远洋群岛划定群岛基线并没有条约法上的依据。对于远洋群岛应划定何种领海基线的问题，实践中大陆国家多采用直线基线方式予以解决。

《公约》对于直线基线的规定比较宽泛，几种主要的适用情形包括：一是在海岸线极其曲折的地方，紧邻海岸有一系列岛屿；二是低潮高地上筑有永久高于海平面的灯塔或类似设施，或以这种高地作为划定基线的起讫点已获得国际一般承认，则这些低潮高地也可以作为划定直线领海基线的起讫点；三是若低潮高地与最近陆地或岛屿的距离不超过领海宽度，该高地的低潮线可以作为测算领海宽度的基线。

实践中，拥有远洋群岛的大陆国家通过国内立法以直线基线或混合基线方式为远洋群岛划定领海基线。如丹麦 1975 年在法罗群岛采用直线基线，厄瓜多尔 1971 年在加拉帕戈斯群岛采用直线基线，印度在 2009 年政府公报中规定安达曼群岛和尼科巴群岛适用直线基线。从其他国家的反应来看，有的国家也间接承认了这种做法。譬如挪威与丹麦签订的海洋划界条约，挪威在条约中事实上承认丹麦在法罗群岛设立的直线领海基线。挪威与俄罗斯签订的《俄罗斯联邦与挪威王国就巴伦支海和北极地区划界及合作条约》中，俄罗斯就此承认挪威在斯瓦尔巴群岛直线基线的法律效力。

在直线基线的使用上，各国做法存在一定差异。比如，挪威将斯瓦尔巴群岛分成 4 个区域，分别以直线基线构成领海基线。而丹麦则是将法罗群岛视为一体，从外围以封闭的直线基线把所有岛礁包围起来，宣布基线内的水域是内水。

我国的南沙群岛属于远离大陆的远洋群岛，我国已经以法律的形式明确规定直线基线为划定领海基线的方式，并于1996年以直线基线方式公布了西沙群岛的领海基线，因此有充足依据以直线基线方式为南沙群岛划定领海基线。我国在划定南沙群岛的领海基线时，也可以考虑“一体式”和“分块式”不同的划定模式，以符合《公约》直线基线规定的方式划定。

在选定南沙群岛基点时，应当充分利用《公约》对于不同自然地形的规定，可以选定距离岛屿12海里以内的岩礁、低潮高地作为基点，或在符合“低潮高地”规定的海洋地形上建筑永久高于海平面的灯塔或类似设施，使其获得基点的地位。因此，明确南沙群岛中各种自然地形的法律属性，有助于分区块划定南沙群岛的领海基线，并作为主张专属经济区和大陆架等管辖海域的基础，也将成为未来南海划界的基础。

（2015年10月15日）

评菲律宾侵犯黄岩岛的非法无理主张

疏震娅

黄岩岛对峙事件发生后，菲律宾外交部以“地理邻近原则”“黄岩岛位于菲专属经济区内”“长期有效管辖”“历史性主张并非历史性权利”证实菲律宾对黄岩岛的主权。而事实上帕尔马斯岛案指出“地理邻近原则”不是取得领土主权的依据，“黄岩岛位于菲专属经济区内”的说法也违反了陆地控制海洋原则，中国对黄岩岛的“长期有效管辖”更是要比菲律宾长达数百年。无数证据证实，菲律宾所谓的“依据”实属无稽，中国对黄岩岛拥有无可争议的主权。

黄岩岛是由中国最早发现和命名、并最早列入版图实施管辖的。国际社会普遍承认中国对黄岩岛拥有主权。2009 年之前菲律宾所有法律都显示黄岩岛并不是其领土，在 20 世纪 70 年代之前，菲律宾对于中国拥有黄岩岛领土主权也未提出过异议。

2012 年 4 月 10 日，因菲律宾军舰袭扰在黄岩岛潟湖内正常作业的中国渔船渔民，中国海监船及时赶赴现场成功阻止和解救。菲律宾不仅不认错撤离，反而不断抛出各种说法，制造事端，不断加剧紧张局势。菲律宾宣称坚持与中国的对峙是为了维护对黄岩岛的“领土主权”。然而，仔细检视菲律宾对黄岩岛主权的所谓法理依据，可以清楚地看出菲律宾主张的非法性。

一、菲律宾的非法主张及其所谓的依据

在黄岩岛主权依据这个问题上，菲律宾不断抛出新说法。在 20 世纪 70 年代，菲律宾开始对中国黄岩岛提出领土要求，最初所谓的依据是“地理邻近原则”和“黄岩岛位于菲专属经济区内”；自对峙事件发生以来，菲律宾在 2012 年 4 月 18 日菲律宾外交部网站发表《菲律宾对黄岩岛及其附近海域的立场》（以下简称“立场文件”）中提出了新的“依据”。归

纳起来看，菲律宾对黄岩岛主权要求的“法理依据”主要有以下几方面。

（一）“地理邻近原则”

菲律宾声称，黄岩岛离菲律宾最近，根据“邻近原则”和自己的地理特征，对黄岩岛行使管辖权。

（二）“黄岩岛位于菲专属经济区内”

菲律宾称《联合国海洋法公约》（以下简称《公约》）赋予沿海国主张200海里专属经济区的权利，黄岩岛位于其200海里专属经济区之内，因此就属于菲律宾了，菲律宾对该岛拥有开发勘探资源的管辖权。

（三）“长期有效管辖”

这是菲律宾在2012年4月18日的“立场文件”中提出的新“依据”。在“立场文件”中，菲律宾隐晦地辩解说，其对黄岩岛拥有主权既不是依据地理邻近，也不是因为其位于菲主张的专属经济区或大陆架范围内；而是“因为菲律宾自独立以来就对黄岩岛实施了有效占领和有效管辖”。“以帕尔马斯岛案为代表的若干国际司法实践都判定，领土主权的取得形式之一就是有效管辖”。菲律宾以帕尔马斯岛仲裁案为依据，指出“发现”仅产生“初步的权利”，须通过长期持续和平稳地行使国家权力的行为才能确立完全的主权；并认为中国没有满足对黄岩岛长期行使有效管辖。

（四）“历史性主张并非历史性权利”

“立场文件”指出，中国对黄岩岛的主权只是“历史性主张”而非历史性权利。“历史性主张不同于历史性权利，不能成为取得领土的依据”。“根据国际法，简单的长期使用不足以使历史性主张转变为历史性权利”。“其他国家的沉默不构成对权利主张的默认，没有证据表明国际社会默认中国对黄岩岛的主张”。“命名和地图并非确定主权归属的基础。传统捕鱼权也不支持领土主权的主张”。

二、对菲律宾所谓的法理依据的批驳

(一) 帕尔马斯岛案明确指出“地理邻近原则”不是取得领土主权的依据

“地理邻近”从来都不是解决领土归属的国际法依据。帕尔马斯岛案判决明确指出“因位置邻近而视其为领土主权的主张，在国际法中是没有依据的”。在全球海洋里，有许多类似黄岩岛这种远离本国领土并位于他国海岸附近的岛屿，但它们从不因地理位置的原因而改变主权归属。例如，英国海峡群岛距英国 46 海里而距法国仅 8 海里；法国有许多岛屿位于距离其本土数千千米之外的太平洋岛国附近和大西洋彼岸的加拿大沿岸，这些岛屿主权归属从未因地理位置的特殊而发生过变化。相反，如果菲律宾荒唐的“地理邻近原则”能够被承认的话，世界岂不得大乱？

(二) “黄岩岛位于菲专属经济区内”的说法完全违反了陆地控制海洋原则

陆地控制海洋是一项重要的习惯国际法原则。领土主权是主张海洋权益的根本基础，海洋权益是从领土主权派生而来。《公约》明确规定，沿海国在专属经济区享有对资源勘探开发的主权权利，但是并不改变被划入其专属经济区内原本属于他国的岛屿主权。菲律宾企图将《公约》新设立的专属经济区制度作为抢夺黄岩岛主权的依据，是属于违背《公约》的非法主张。

(三) 中国对黄岩岛的“长期有效管辖”要比菲律宾长达数百年

帕尔马斯岛仲裁案是阐述领土取得规则的国际法经典案例。该案裁决对国际法“先占”原则作了详细的解释，明确了先占的对象必须是“无主地”，占领必须是“有效的”。此后的克利帕顿岛仲裁案，细化了判断“有效占领”的标准，其中对于远离大陆的荒芜小岛礁，发现国只要实施了“象征性占领”就应被视为实施了有效管辖。

大量历史证据表明，中国人最早发现黄岩岛，然后以多种方式实施国家管辖行为，完全符合国际法上的先占和长期有效管辖等规定。中国对黄岩岛实施有效管辖历经数百年，是持续的和多方面的。例如，中国早在

1279年就派遣官员前往黄岩岛进行“四海测验”，表明已将该岛视为领土。此后的中国各届政府继续对黄岩岛实施管辖，其中包括曾3次正式公布对黄岩岛的命名和更名，明确地将黄岩岛划归广东省和海南省等地方行政管辖范围。近代和当代，通过发布政府声明和国家立法，通过政府行政主管部门行使各自管辖权，包括派遣国家科考队前往黄岩岛及其附近海域从事科考活动、派遣执法船队巡航执法等多种形式的国家管辖行为，中国持续不断地重申和巩固对黄岩岛的领土主权。因此，中国对黄岩岛实施了长达数百年管辖，完全符合各个历史时期领土取得规则所要求的标准。

菲律宾以“自独立以来就对黄岩岛行使有效占领和有效管辖”为理由来对抗中国的发现和先占，岂不是自揭其短？菲律宾最早成为独立国家是在1898年推翻西班牙殖民统治之后，比中国元朝就发现和管理黄岩岛晚了数百年。从对比古代实践看，菲律宾列出最早开始管辖黄岩岛的证据是自1734年以后的一系列活动，例如对黄岩岛进行命名和绘图等。这在时间上比中国长期的相同活动晚了数百年。从对比现代实践看，20世纪70年代之前，菲律宾对于中国拥有黄岩岛主权从未有过异议，而中国对菲律宾的侵权都明确地提出反对和外交抗议。自20世纪70年代起，联合国开始起草新海洋法公约，岛屿被赋予与大陆同等海洋权益，在此背景下，黄岩岛的重要性凸显，菲律宾才开始觊觎黄岩岛主权。对此，中方明确地提出抗议和反对。菲律宾对早在13世纪的元朝就已属于中国领土的黄岩岛采取任何行动都不是其行使“有效管辖”的证据，而是对中国主权的侵犯，均属非法行径。

（四）中国拥有黄岩岛主权已达数百年而不仅仅是“历史性主张”

在2012年4月18日的“立场文件”中，菲律宾提出一个新说法，“历史性主张不是历史性权利”。菲方未解释此二者之间是什么关系，以及二者之间怎样才能实现转变。

不过，非常明确的是，如前所述，中国通过发现、先占和有效管辖，历经数百年，一直拥有黄岩岛主权至今。更为重要的是，对于这些历史和事实，包括菲律宾在内的国际社会一直以来也都是承认的。菲律宾是到了20世纪70年代受到利益驱动才开始觊觎黄岩岛，但总是遭到中国的强烈反对和抗议。目前，中国海监船和渔政船都还在黄岩岛执行维护其主权的行动，中国拥有黄岩岛领土主权是不容篡改的历史和毋庸置疑的客观事实。菲律宾提出“中国对黄岩岛只是历史性主张而不是历史性权利”，其实是不愿承认黄岩岛主权早已经属于中国的这个现实的掩耳盗铃之举。

三、菲律宾挑战中国黄岩岛领土主权的行为是非法无效的

（一）国际条约和菲律宾宪法等早已确定黄岩岛不属于菲律宾领土

菲律宾领土组成及其范围是由以下国际条约确定的：1898 年美西《巴黎条约》、1900 年美西《华盛顿补充条约》和 1930 年《英美协定》。其中《巴黎条约》第三条明确界定了菲律宾领土西部界线是东经 118°。而中国黄岩岛位于东经 117°51′，不在上述任何一个条约所划定的界线范围内。此外，1935 年菲律宾《宪法》、1947 年美菲《一般关系条约》、1952 年菲美《共同防御条约》、1961 年菲律宾《关于领海基线第 3046 号法令》和 1968 年菲律宾《关于领海基线的修正令》等，都反复重申了上述条约的法律效力，明文承认上述 3 个条约所划定的菲律宾领土及其范围界线。因此，黄岩岛并不是菲律宾领土。

不过，菲律宾现在宣称其对黄岩岛主权的主张依据不是美西《巴黎条约》，真不知其要如何解释上述 3 个条约和其宪法的效力。难道菲律宾 2009 年通过《关于领海基线法案》就可以自动地废除上述 3 个条约和宪法的效力吗？

（二）菲律宾严重地违背了禁止反言原则

菲律宾在 1997 年以前对于黄岩岛是中国领土并无异议，而且还多次公开表示黄岩岛是在其领土范围之外。例如，菲律宾驻德国大使比安弗尼多在其 1990 年 2 月 5 日致德国无线电爱好者迪特的信中，明确表示“据菲国家地图和资源信息部，黄岩岛不在菲领土主权范围以内”。在 1994 年 10 月 18 日菲律宾国家地图和资源信息部及 1994 年 11 月 18 日菲律宾业余无线电协会向美国业余无线电协会出具的文件中，均确认“菲领土边界和主权是由 1898 年 12 月 10 日巴黎条约第三款所规定，黄岩岛位于菲领土边界之外”。菲律宾不顾其既有国家表态，出尔反尔地提出黄岩岛主权要求，严

重违反了国际法上的禁止反言原则。因此，菲律宾对于中国黄岩岛主权的任何不利言行均属非法无效。

（三）菲律宾提出将对峙事件提交国际海洋法法庭纯属无理挑衅

首先，如上所述，无论是中国数百年来是管辖实践还是菲律宾国土范围的明文规定，都确凿地证明了黄岩岛是中国固有领土。2012 年 4 月发生的对峙事件是由菲律宾侵犯中国固有领土主权而引发的。事件发生至今，菲方一直误判形势，无视中国愿意通过外交谈判和平解决的诚意，不断变换立场和说法，极力将局势推向紧张，企图达到国际化的目的。因此，黄岩岛根本就不存在主权争端，不具备提交国际海洋法法庭解决的法律基础。所谓要单方面提交国际海洋法法庭，只不过是菲方提出的又一个无理要求，是其企图掌控事态走向的手段之一，中国完全没有义务奉陪。

其次，从法律程序角度看，菲律宾单方面炒作要提交国际海洋法法庭的做法明显地违反了《公约》第十五部分的精神和程序。《公约》尊重各国主权，明确赋予各国有选择是否将领土主权和海域划界争端提交具有强制力的裁决的权利。换句话说，愿意或不愿意将领土和海域划界争端提交国际司法机构解决，都是行使国家主权的表现。因此，作为平等的主权国家，菲律宾没有权利逼迫中国按照它的要求去做。同时，《公约》第 298 条第 1 款规定，一国自签署、批准或加入本公约起，可以做出书面声明，说明对于一些争端不接受导致有拘束力裁判的强制程序。中国于 2006 年 8 月 25 日向联合国秘书长提交书面声明，对于《公约》第 298 条第 1 款（a）（b）（c）项所述的任何争端，中国政府不接受《公约》第十五部分第二节规定的任何程序管辖。而菲律宾迄今为止尚未对上述条款作出书面声明。因此，即使菲律宾真的要单方面去提起国际诉讼，中国政府也没有应诉的义务。因此，无论从对峙事件的性质，还是《公约》争端解决程序的适用来看，菲律宾都无权要求中国将黄岩岛提交国际海洋法法庭。菲律宾在明知将会无果的前提下，还反复地声称要将黄岩岛问题提交国际海洋法法庭，显然是没有要和平地解决对峙事件的诚意，而是别有用心。

综上所述，黄岩岛是中沙群岛的一部分，自古以来就是中国领土，对此，国际社会是普遍承认的，菲律宾也曾一直承认的。菲律宾不顾历史与事实，出尔反尔，企图抢夺中国黄岩岛主权，不仅完全违反了划定其领土范围一系列条约及其宪法，而且也严重违反了领土取得规则、禁止反言和时际法规则等国际法。菲律宾对黄岩岛提出主权要求完全是非法无效的。

（2012年5月14日）

黄岩岛自古以来就是中国领土

张　颖

2012 年 4 月 10 日以来，菲律宾军舰无理袭扰中国渔船渔民，引发两国舰船持续对峙，黄岩岛事态成为国内外关注的焦点。

黄岩岛是我国中沙群岛组成部分，是该海域唯一出露水面的岛礁。中国最早发现黄岩岛，并通过先占和持续的管辖取得了领土主权。中国对此拥有充分的历史和法理依据。

一、中国通过最早发现和先占无主地，合法地取得了对黄岩岛的领土主权

中国人最早发现作为无主地的黄岩岛。据考证，早在 1279 年，中国元朝政府派天文学家、同知太史院事郭守敬在全国进行“四海测验”时，南海的测点就在黄岩岛。郭守敬作为掌管天文历法的官员，其测量行为是政府行为，测量目的是统一当时疆域内的历法。从时际法角度看，公元 13 世纪，元朝朝廷对于作为无主地的黄岩岛进行发现和管辖，足以构成先占，有效地取得黄岩岛的领土主权，完全符合国际法的领土取得规则。

相比之下，菲律宾方面宣称，在西班牙殖民时期（16 世纪）已将黄岩岛海域作为传统的捕鱼区和作为恶劣天气时的避难点。菲律宾提出的这个时间比中国对黄岩岛的发现和先占晚了 200 多年，因此是无效的。菲律宾外交部还提出其 1820 年的地图将黄岩岛划入领土范围。但是，这个时间比中国元朝将黄岩岛选为“四海测验”之点迟了 540 余年。菲律宾总统 1997 年对黄岩岛提出主权要求，更是比中国拥有黄岩岛主权的时间晚了 700 多年。所有的历史事实都证明，在菲律宾所谓“发现”黄岩岛的数百年之前，该岛就已经是中国的领土而不是无主地了，因此菲律宾所谓的发现和先占都是非法、无效的。

中国历朝历代政府采取多种官方行为对黄岩岛实施有效管辖，不断地

重申和巩固对黄岩岛的主权。中国的行为完全符合国际法，特别是其中的领土取得规则和时际法规则等要求。

二、中国通过实施国土分级管理制度以及发布政府声明和法律，不断巩固对黄岩岛的领土主权

中国自古以来就将黄岩岛作为国土的一个组成部分进行管辖。古代中国朝廷、近代和现代的中国政府先后以多种方式的官方行为对黄岩岛行使了有效管辖。

古代中国朝廷将派遣水师巡视海疆作为管辖和行使其主权的主要方式之一。元朝、明朝的文献资料中都有水师巡辖西沙、中沙和南沙群岛的记载。

中国古代有着非常完善的国土分级管理制度，黄岩岛一直被明确地纳入沿海地方行政管辖区划。文献记载，明清时期延续前朝行政建制，将南海诸岛划归琼州府的万州管辖，并在《郑和航海图》和《清绘府州县厅总图》等多幅舆图上明确将南海诸岛列入我国版图。这表明，明清时期也是将包括黄岩岛在内的南海诸岛范围与其他沿海领土一起，划入相应的地方政府管辖范围。

现代中国继续实行延续了数千年的国土分级行政管理制度，黄岩岛仍然被纳入沿海地方行政辖区之内。1947 年 9 月，中国政府正式将东沙、中沙、西沙、南沙群岛一并划归广东省管理，黄岩岛一直属于中沙群岛。1949 年 4 月，中国政府成立海南特别行政区，将南海诸岛由广东省移交该特别行政区管理。1959 年 3 月，中央政府批准成立“西沙群岛、南沙群岛、中沙群岛办事处”，隶属广东省，统一管辖西沙、南沙和中沙群岛。1988 年海南建省后，办事处归海南省政府直接领导，管辖西沙群岛、南沙群岛和中沙群岛的岛礁及其海域。

当代的中国政府也仍然将黄岩岛作为中沙群岛的一部分进行管辖，除了采取多种行政管辖行为之外，还通过海洋立法重申包括黄岩岛在内的中沙群岛等南海诸岛属于中国领土，其中包括 1958 年的《中华人民共和国政府关于领海的声明》、1992 年的《中华人民共和国领海及毗连区法》以及 2009 年的《中华人民共和国海岛保护法》及《全国海岛保护规划》等。

对比之下，菲律宾是在 2009 年通过的第 9522 号《领海基线法案》中

将中国的黄岩岛“置于菲律宾主权之下”。即使不说古代中国就已拥有对黄岩岛主权，就政府声明和国家立法实践而言，中国也比菲律宾早了40余年。更为重要的是，当年中国发布声明和立法，菲律宾均未表示过异议。菲律宾2009年所谓的《领海基线法案》严重地违反了其宪法和以前颁布的多个领海法案，而且更重要的是没有任何国际法依据。如果菲律宾此举可以被视为合法的话，那么，世界各国领土版图就会被重新改写了。

三、中国政府主管部门通过行使组织科考和审批权等方式，进一步彰显对黄岩岛的领土主权

自20世纪70年代起，中国政府及其相关主管部门就曾多次派遣科考队赴黄岩岛开展科学考察活动。例如，1977年10月27日和1978年6月16日，中国科学院南海海洋研究所科研人员两次登上黄岩岛进行考察。1985年4月，由国家海洋局南海分局组织的一支24人综合考察队登上黄岩岛实施综合考察。1990年，中国国家测绘局、国家海洋局和国家地震局等多个部门组织测绘人员对黄岩岛进行了大地测量，并在南岩设立了“中华人民共和国测量标志”。

中国对黄岩岛涉外活动实施管辖。1994年，国际业余无线电爱好者向中国政府申请前往黄岩岛架设无线电台，经外交部和国家体委等主管部门批准，中国、日本、德国、美国、菲律宾和芬兰6国无线电爱好者组建中外远征队赴黄岩岛进行DX（Distant Exchange）活动。1994年、1995年、1997年和2007年，中国先后4次批准无线电爱好者在黄岩岛架设无线电台活动。

1996年4月1日起，黄岩岛作为中国的一个距离大陆225海里以上的远程岛屿，被列为单独的DXCC（DX Century Club）实体，成为世界上300多个“DXCC分区”之一，黄岩岛被授予正式呼号为BS7H，其中“B”表示中国电台，“S”表示南海诸岛，“7”表示其行政归属，海南省是在中国第7区，“H”表示黄岩岛。

在2007年4月的登岛活动中，位于黄岩岛的BS7H呼号再次呼叫全球的业余电台，与世界45 000多个业余电台进行了联络。登岛活动组织者陈平指出：“这就相当于全世界300多万业余无线电爱好者都承认了黄岩岛主权属于中国的事实，因为我们使用的是中国的呼号，我们手持着中国外

交部的批准文件。”

四、中国政府通过官方命名及海上巡航执法等方式，持续对黄岩岛实施有效管辖

中国政府曾于1935年、1947年和1983年三次正式公布对黄岩岛的命名，反复重申该岛属于中国领土，并实施有效管辖。

在1935年1月中华民国水陆地图审查委员会审定公布的南海诸岛132个岛礁沙滩名称之中，根据英文名称的读音，黄岩岛被命名为斯卡巴洛礁（Scarborugh Reef），作为中沙群岛的一部分。1947年10月，中国内政部方域司正式核定和公布的南海诸岛新旧地名对照表中，将斯卡巴洛礁改称为“民主礁”，仍然列在中沙群岛范围内。1983年4月，中国地名委员会受权对外公布《我国南海诸岛部分标准地名》，黄岩岛成为正式的标准名称，考虑到地名延续性，民主礁被放入括号内作为副名，同样列为中沙群岛的一个组成部分。

相较之下，菲律宾2012年才提出要为中国黄岩岛改名，纯属无理取闹的挑衅行为，当然不可能有任何法律意义。1999年中国海监总队成立，有效增强了对中国领土和管辖海域的维权力度，特别是增强了在南海的行政执法和监视监管的力度。自2007年中国海监总队实现对中国全部管辖海域的维权巡航执法以来，中国海监南海总队多次派船赴黄岩岛海域巡航执法。4月10日，中国海监执法船及时赶赴黄岩岛，成功解救了被菲律宾军舰非法袭扰的中国渔船渔民，有效地维护了黄岩岛主权。

2011年5月，中国海监西南中沙支队正式成立，黄岩岛海域的巡航执法活动得到进一步加强。

五、中国通过外交手段，多次有力地打击菲律宾侵犯黄岩岛的企图

中国政府多次通过外交途径对菲律宾侵犯我国黄岩岛主权的非法行径予以强烈抗议和坚决反对。

1997年以来，菲律宾一反过去承认黄岩岛不是其领土的立场，以“地理邻近”和“黄岩岛位于菲律宾200海里专属经济区内”等毫无国际法依据的无稽之谈为借口，对中国黄岩岛提出领土要求。例如，1997年4月，

菲律宾派出军舰飞机跟踪和干扰中国批准的黄岩岛业余无线电探险活动，并在外交场合攻击中国“企图占领黄岩岛”。1997 年 5 月，菲总统拉莫斯公然声称“菲律宾有勘探和开发黄岩岛资源的主权”。1997 年至 2000 年前后，菲律宾先后采取登岛插旗、破旧军舰坐滩及驱赶抓扣中国渔船渔民等非法手段，企图抢夺黄岩岛。面对菲律宾侵犯我国黄岩岛主权的种种行径，中国政府提出严正交涉，重申黄岩岛是中国领土的原则立场。迫于我国外交压力，菲律宾逐渐停止登岛活动。

2009 年菲律宾不顾中国反对，通过所谓的“领海基线法案”，将中国黄岩岛及南沙群岛部分岛礁（被改名为“卡拉延群岛”）“置于菲律宾主权之下”。对此，中国政府立即提出严正抗议，重申“黄岩岛和南沙群岛历来都是中国领土的一部分。任何其他国家对黄岩岛和南沙群岛的岛屿提出领土主权要求，都是非法的、无效的”。

针对菲律宾侵犯黄岩岛事件，外交部发言人于 2012 年 4 月 11 日至 5 月 10 日连续 18 次在记者招待会上表态，重申黄岩岛是中国固有领土，中国对黄岩岛的主权拥有充分的历史和法理依据，完全符合国际法。菲律宾对中国黄岩岛的挑衅行为，严重违反了尊重主权和领土完整的国际关系基本准则。

六、菲律宾曾一直承认中国对黄岩岛的主权，必须恪守禁止反言

1997 年之前，对于黄岩岛是中国领土这一事实，菲律宾从未公开提出过异议。中国对黄岩岛及附近海域行使主权和合法的管辖行为，也从未受到任何国家的反对和挑战。

按照界定菲律宾领土范围的 3 个条约，即 1898 年《巴黎条约》、1900 年《华盛顿条约》和 1930 年《英美补充条约》的规定，菲律宾领土西部界线在东经 118°，而黄岩岛最东侧仅位于东经 117°51′，从来就不在菲律宾领土范围内。1935 年菲律宾宪法及此后的多部宪法、1961 年和 1968 年菲律宾有关领海的立法都明确无误地重申了菲律宾领土范围是由《巴黎条约》第三条划定的，明确承认上述条约为其划定的领土范围界线的法律效力。1981 年和 1984 年菲律宾官方出版的地图也标明黄岩岛不在菲领土范围内。因此，菲律宾于 2009 年通过的新法案，企图将黄岩岛“置于菲律

宾主权之下”，完全是非法无效的，也严重地违背了禁止反言原则。

上述条约和菲律宾宪法等法律文件是证明黄岩岛不属于菲律宾领土的重要历史证据，这是不可更改的法律事实。虽然菲律宾宣称黄岩岛是其领土，但是菲律宾该如何解释上述条约及其宪法所划定的国土范围界线为何没有包括黄岩岛？总之，菲律宾虽然有侵占中国黄岩岛的野心，但由于上述条约和法律的存在，却使其面临着不可僭越的国土范围法定界线，面临着不可弥补的法律缺陷。

此外，菲律宾还多次明确表示黄岩岛在其领土范围之外。例如，1990年2月5日，菲律宾驻德国大使比安弗吉尼曾明确表示：“据菲国家地图和资源信息部的数据，黄岩岛不在菲领土主权范围以内。”1994年10月18日菲律宾国家地图和资源信息部及1994年11月18日菲律宾业余无线电协会向美国业余无线电协会出具的文件中，均确认“菲律宾领土边界和主权是由1898年12月10日《巴黎条约》第三款所规定，黄岩岛位于菲律宾领土边界之外”。

菲律宾必须恪守禁止反言这一重要的国际法原则，不得出尔反尔，不得违背如此众多的条约以及明确承认这些条约效力的宪法等本国立法。菲律宾对中国黄岩岛的任何权利主张都是非法无效的，因为这不仅违背国际法，也违背其本国宪法。

国际社会对黄岩岛属于中国领土不持异议。自2012年4月黄岩岛对峙事件发生以来，菲律宾多次要求东盟国家“共同对抗中国”。但是，失道必然寡助，菲律宾的无理要求未能得到东盟国家的回应。

事实表明，中国早在菲律宾对黄岩岛提出主权主张的数百年之前，就已确立了对黄岩岛的领土主权。黄岩岛是中国最早发现、命名的，中国元朝就将其列入疆域版图并行使主权管辖。黄岩岛从来就不属于菲律宾领土，这个历史和事实已经被划定菲律宾国土范围界线的3个条约以及菲律宾宪法所反复证明。从历史、法律和管辖实践的角度看，黄岩岛都是中国领土不可分割的一部分。

（2012年5月16日）

中菲南海争议：唯有双边谈判是解决正道

密晨曦

菲律宾单方就南海有关问题提起《联合国海洋法公约》（以下简称《公约》）附件七仲裁以来，不顾中国坚持通过双边谈判解决中菲在南海有关争议的立场，单方推动仲裁程序。在此过程中，菲律宾和仲裁庭不断添加和变更诉求，裁决结果引发关注和热议。国际法学界对此仲裁从程序到实体上存在诸多质疑。

单方提起附件七仲裁的基本要件之一是诉求构成真实的争端。菲律宾的诉求刻意回避中菲在南海有关争议的实质，并未真正对应中国的岛礁归属、海洋划界和其他权利主张。仲裁庭声称菲诉求中提到的南海岛礁的地位问题不涉及这些岛礁的主权争端。但是在南海，如果不考虑岛礁主权归属和由此产生的权利，仅判断某个陆地是岛是礁或是低潮高地，则仅是法律技术层面的探讨，并不构成仲裁庭可管辖的争端。如果将岛礁法律地位作为产生海洋权利范围的判断标准时，则需以确定这些岛礁的主权归属为前提条件。因为岛礁自身无法脱离国家而产生权利。判断岛礁在国家管辖海域范围中的地位时，还需考察地理特征、地质地貌和历史事实等要素。

单方提起附件七仲裁的另一要件是存在有关《公约》的解释或适用的争端。《公约》在序言中既已提出“未予规定的事项，应继续以一般国际法的规则和原则为准据”。南海有关问题的解决，需综合考虑历史和法律因素以及自然地理条件。南海断续线的产生远早于《公约》，是对中国历史性权利的总结。依据时际法原则，仲裁将后来产生的《公约》作为裁定南海断续线的地位以及中国在南海断续线内历史上既已形成的相关权利合法性的依据，存在适用法律上的错误。序言还提出《公约》是“在妥为顾及所有国家主权的情形下”，为海洋建立的一种法律秩序。南海岛礁滩沙众多、星罗棋布，南沙群岛作为复杂的地理单元，不应简单地通过拆分其岛礁确定国家海域管辖范围。中国一直将南沙群岛作为一个整体主张主权，这体现在中国一系列的国内立法和国家声明中。《公约》第121条的适用对象是岛礁而非群岛，裁决忽视了中国对南沙群岛作为一个整体主张主权的事实，将这些岛礁拆分开来利用《公约》第121条“岛屿制度”对几个岛礁的地位予以裁决，事实上是在对涉及国家主权的事项作出裁定。此外，仲裁庭超出菲律宾之前提交的诉求，不仅裁定了太平岛的地位，而且忽视每个岛礁的独特性，在未对南沙岛礁逐个进行调查取证的情况下，简单推出南沙群岛没有一个岛礁可以申请专属经济区和大陆架的结论，明显超出其管辖权。

中国已根据《公约》第298条于2006年发表声明，不接受包括海洋划界在内的重要、敏感事项的司法或仲裁程序。裁决绕开中国对南海诸岛及附近水域拥有主权的历史和事实，对中国在南海断续线内的权利主张性质进行了推定，把裁决结果建立在对一国海洋划界和海洋权利主张的假设和推测的基础上，这是中国不可能接受的。

2016年在海牙召开的“南海仲裁案与国际法治研讨会”上，有荷兰学者指出，南海仲裁案是有关国家在把法律当成追求政治目的的工具。这样一份问题颇多的裁决不仅不利于和平解决国家间的争端，还可能激化矛盾并影响到附件七仲裁程序的公信力。和平解决争端是《公约》建立争端解决机制的根本目的。《公约》明确规定，不损害缔约国协议用自行选择的和平方法解决争端的权利。国家有权对其本国的管辖海域范围提出主张，当不同国家间的主张管辖海域产生重叠时，则需通过划界解决有关争议，以明确双方在相应海域的权利义务。在划界协议达成前，“有关各国应基于谅解和合作的精神，尽一切努力作出实际性的临时安排”。中国“搁置争议、共同开发”的橄榄枝一直都在那里。双边谈判解决南海有关争议是中菲两国达成的共识，也是有关国家通过《南海各方行为宣言》作出的承诺。菲律宾回归谈判轨道，通过友好磋商、谈判解决中菲在南海有关争议才是切实可行之路。

（2016年8月24日）

大局平稳　挑战严峻
——2013年中国周边海洋形势回顾

张　丹

2013年，中国周边海洋形势总体呈现出平稳、合作的基本态势。重新组建国家海洋局，以中国海警局名义开展海上维权执法，开展高层周边外交，划设东海防空识别区，成立国家安全委员会等一系列举措，有力地维护了国家海洋权益和安全。在周边海洋形势保持总体稳定的同时，中国的海上维权斗争仍然面临复杂严峻的形势和挑战，局部矛盾和问题依然突出，影响海上权益争端的因素渐趋多元化。

一、周边海洋形势总体呈平稳合作态势

2013年，中美就共建新型大国关系达成共识，两国在海洋领域的对话与合作有所加强，开展了联合反海盗、海上联合搜救等一系列演习。中韩决定充实战略合作伙伴关系，尽早启动海域划界谈判，两国还决定推动在海洋科研、海洋环境保护、海洋经济、极地研究、大洋勘探开发、海上执法等海洋领域的合作和共同研究。中越加强高层互访，海上共同开发磋商、基础设施合作、金融合作3个工作组正式成立，两国决定加强北部湾湾口外海域工作组的工作，力争湾口外海域共同开发取得实质进展。中国与东盟国家的海上合作稳步推进，首批中国-东盟海上合作基金支持的项目得到落实，中国提出与东盟国家发展海洋合作伙伴关系，倡议共同建设21世纪“海上丝绸之路”。

二、美国对我海洋形势影响持续加深

2013年，美国继续加强在亚太地区的军事存在，给中国海洋安全环境带来一定的压力。美国国防部长哈格尔在2013年第12届香格里拉对话会上表示，美国将在亚太地区投入更多空中、地面力量以及高科技武器，以

落实在本地区的“再平衡战略”部署，并重申美国将坚持上届对话会上宣布的“至2020年前将60%的海军军舰部署到太平洋地区”的计划，在此基础上，美国还将把其本土以外60%的空军力量部署到亚太地区。在中国与周边国家岛礁主权和海洋争端问题上，美国实行两手政策，一方面挑唆周边国家与我争斗，坐收渔翁之利；另一方面又不希望局势失控，引火烧身。美国对华政策的两面性增加了中国周边海洋形势的不确定性。

三、中日海上斗争陷入僵持阶段

2013年，日本政府和右翼势力在钓鱼岛问题上一意孤行，罔顾历史事实，否认中日两国领导人在邦交正常化时达成的“搁置钓鱼岛问题”的共识，继续采取单边行动，加强对钓鱼岛的“管控”。为修改“和平宪法”和加强军力建设寻找借口，日本大肆宣扬所谓的“中国用武力改变东海现状”，极力营造“中国威胁论”的舆论氛围，煽动其国内民众情绪。2013年7月，日本发布的年度《防卫白皮书》宣称：“中国的动向是包括日本在内的地区和国际社会的担忧事项，值得日本密切关注。”除在国内煽动反华情绪外，日本还四面出击，拼凑反华国际阵线。安倍晋三再度当选日本首相后，旋即展开“穿梭外交”，上任1年内遍访东盟国家，指责中国“强改东海、南海现状”。在日本挑战战后国际秩序、企图突破“和平宪法”、不断右倾化的背景下，中日关系在短期内难以改善，两国在东海的斗争陷入僵持阶段。

四、法律斗争上升为各方博弈的第二战场

2013年，周边国家对中国的法律战进一步升级。菲律宾单方面将南海争端提交《联合国海洋法公约》附件七下的仲裁，试图突破中国一贯坚持的通过双边谈判解决南海争端的政治立场和底线。菲律宾提起的南海仲裁案，实质上涉及的是岛礁主权和海洋划界争端，中国已于2006年作出了排除性声明。因此，仲裁法庭对此应无管辖权。

在中国采取不应诉的坚定立场后，菲律宾仍执意推动仲裁程序。2013年8月，仲裁法庭发布第一号程序令，通过了南海仲裁案的程序规则，并确定2014年3月30日为菲律宾提交“起诉书”的日期。南海海域内外势力在2013年继续围绕“南海行为准则”大做文章，共推“准则”早日出

台。2013 年 10 月，美国与越南举行副部长级第 4 次防务政策对话，两国一致认为，中国与东盟各国应力推“南海行为准则”的出炉。2013 年 11 月，日本首相安倍晋三与老挝总理会谈，双方就日本协助东盟尽快策定“南海行为准则”一事达成共识。

南海有关争端的根源和核心，是相关国家非法侵占中国南沙群岛部分岛礁引发的领土主权争议，寄望于借国际仲裁、制定“准则”之名，行否定中国在南海的权利、将侵占中国的南沙岛礁合法化之实，注定是徒劳的。

五、我国划设防空识别区引高度关注

2013 年，中国宣布设立东海防空识别区后，日本首相安倍晋三宣称中国军方划设防空识别区将有“招致不测事态的危险”，明确要求中国予以撤销。美国则指责中国设立东海防空识别区是“试图以单边的方式改变东海现状”。美国和日本还多次派战机“勇闯”中国东海防空识别区，试探中国维护空中飞行安全的能力、决心和底线。

与此同时，一些国家还大肆炒作中国将在南海划设防空识别区，试图搅乱南海地区局势。菲律宾外长宣称：“中国近日宣布划设东海防空识别区，增加了其划设南海防空识别区的可能性”。日本右翼势力则故意散布一系列谣言，再三炒作中国“马上就要在南海划设防空识别区”。美国一些官员也在不同场合指责中国“计划”在南海划设防空识别区，制造紧张气氛，挑拨中国与南海周边国家的关系。是否在南海划设防空识别区完全是中国的国家安全问题，中国有权根据自身面临的空中安全形势来作出相关判断和决定。

2013 年，我国海上维权工作取得了显著进展。面对复杂多变的周边海洋形势，我们应紧紧围绕党的十八大提出的“坚决维护国家海洋权益，建设海洋强国”的总体目标，继续加强海上维权工作，为海洋强国建设创造和平稳定的周边海洋环境。

（2014 年 3 月 26 日）

实现中美在南海航行自由的共同利益

张小奕

南海航行自由是中美两国的共同诉求。两国虽然在南海问题的立场上存在分歧，但更拥有超越分歧的共同利益。中美两国要加强战略互信，尊重彼此的核心利益，管控分歧，实现平等互利、合作共赢。

一、航行自由的内涵

航行自由是17世纪初由荷兰国际法学家格劳修斯提出的法律概念，是海洋法的基本原则之一。公海不属于任何国家管辖和支配，这种特殊的法律地位决定了在公海中行使航行权与在国家管辖水域相比更为“自由”，船舶的海上航行主要受船旗国的专属管辖，其他国家在一般情况下不得干预。但这种自由也不是绝对的，近年来随着海洋法的新发展，如专属经济区制度和“区域”制度的设立，国际海事组织海上航行规则的制定，都使得公海航行自由在“量”和“质”上受到挤压。

与公海不同，《联合国海洋法公约》（以下简称《公约》）确立了两种性质的国家管辖水域，分别是国家主权水域和专属经济区。国家主权水域由原来的领海拓展为以领海、国际海峡和群岛水域为基本组成部分的水域，主权水域中的航行权从“无害通过权”的一元形式拓展到“无害通过权+过境通行权+群岛海道通过权”的多元形式。专属经济区制度是自成一体的海域，适用自成一体的航行自由制度。在这些航行权制度中，无害通过权是最为严格的航行权制度，它要求外国船舶在不损害沿海国和平、良好秩序或安全的条件下，迅速、持续不停地通过沿海国的主权水域，沿海国也有权采取措施，防止非无害通过对沿海国主权造成干扰。专属经济区中的航行自由是公海航行自由的衍生物，虽然在字面上类比了公海中的航行自由，但诸多的限制条件使得这项自由区别于公海自由，需要履行包括遵守沿海国制定的法律和规章在内的诸多义务，是一种新型的航行自由制度。

二、南海航行自由是中美的共同利益

南海作为连通太平洋和印度洋的战略枢纽，是多个国家的“海上生命线”，这条能源供应线上的航运自由对中国、美国、日本、韩国以及东南亚各国至关重要。尽管中国和某些邻国在南海存在领土主权争端和海域划界争端，但相关国家绝不会做出破坏这一经济命脉的愚蠢举动。南海庞大的航运量和沿岸各国繁荣的海上贸易就是南海航道畅通的佐证。维护南海航行自由不仅符合南海各国和域外国家的共同利益，也是包括中国在内的南海各国的郑重承诺。

中国和美国都将南海航行自由视为本国的核心利益，积极维护南海航线的安全和畅通。2014 年 2 月 5 日，美国助理国务卿丹尼·拉塞尔在众议院听证会上再次郑重地宣布：“美国在……东中国海和南中国海的航行自由存在国家利益。”2014 年 8 月 10 日，美国国务卿克里在缅甸召开的东盟地区论坛外长会上提出，美国反对任何限制或阻碍航行自由、飞越自由和其他海洋合法用途的行为。中国也在多个场合宣布了中国对航行自由的重视和维护南海航行安全的决心。国务院总理李克强在 2014 年 6 月召开的中希海洋合作论坛上承诺，中国愿与相关国家加强沟通与合作，完善双边和多边机制，共同维护海上的航行自由与通道安全，共同打击海盗、海上恐怖主义，应对海洋灾害，构建和平安宁的海洋秩序。中国外交部发言人也在例行记者会上多次表示，中国维护在南海的主权和海洋权益，不影响各国按照国际法在南海享有的航行自由；中国是南海航道的主要使用国，南海的航行自由与安全是中国的利益所在，中方愿与有关各方共同努力，维护南海的航行自由与安全。

可见，南海航行自由是中美两国的共同诉求，维护南海航行的畅通和安全，是两国的共同利益所在。

三、维护中美两国在南海的航行利益

中国和美国是当前世界最有影响力的两个大国，两国虽然在南海问题的立场上存在分歧，但更拥有超越分歧的共同利益，其中南海航行自由就是两国核心利益的交汇点之一。影响航行自由的因素有很多，包括海盗行为等海上恐怖主义、违反国际航行规则的海上航行，以及沿海国与船旗国信息不对称，等等。中国和美国需要加强在上述事项中的协同合作，着眼双方共同利益，实现互利共赢。

首先，加强两国战略互信。中美两国利益攸关，战略互信是互利合作的基础，两国信任程度越深，合作空间越大。双方要多一些理解、少一些隔阂，多一些信任、少一些猜忌。增强战略互信，一方面要建立高层次的元首会晤机制和中美战略对话机制；另一方面还应增强双方在执法、操作以及学术层面的沟通交流，以增进了解、扩大共识、减少分歧、促进合作。

其次，尊重核心利益，管控两国分歧。两国领导人在会晤中多次强调要彼此尊重核心利益和重大关切。2011 年国务院新闻办公室发布的《中国的和平发展》白皮书中指出，国家核心利益是指国家主权、国家安全、领土完整、国家统一、中国宪法确立的国家政治制度和社会大局稳定、经济社会可持续发展的基本保障。南海问题涉及中国领土主权的核心利益，应由中国和争端国自行协商解决，美国不应插手争端，不应触碰这一中美关系的底线。对于两国在敏感领域中存在的矛盾和分歧，中美应妥善处理、增进沟通、巩固共识、管控分歧，防止其扩大化和复杂化。在正视两国分歧客观存在的前提下，通过共同努力，力争将分歧控制在一定的范围、空间和程度内，并尽可能防止新分歧和新矛盾的出现。

再次，平等互利、合作共赢。中美在南海航行问题上拥有共同利益，对危及航行的非法行为存在共同的关切。船舶的航行自由可能会因为海盗等非法行为或海上恐怖主义而受到破坏，也可能会由于违反国际航行规则，包括保护和保全海洋环境的规定而接受沿海国执法船舶和飞机的海上执法，还可能因为沿海国未能及时告知船旗国其国内法修改的情况而导致正常的航行活动受到干扰。这些全球性或区域性问题仅依靠一国的力量是不能得到解决的，如打击南海地区的海盗行为和恐怖主义、保护海洋环境、联合救援、维护航道安全等问题，都需要中国和美国这两个太平洋沿岸的大国携手，本着共赢精神，切实合作，维护亚太地区的和平、稳定和繁荣。

中美合作多于竞争，中美关系关乎亚太地区乃至世界的未来。航行自由是中美两国亟待拓展的重大共同利益，两国都承认航行自由是海洋法的基本原则，对航行自由的基本理念和南海航行自由的重要性也已经达成共识。中美两国应淡化纷争，着眼共同利益，互相照顾彼此在亚太地区的利益关切，确保南海航行安全和自由。在“新型大国关系”框架下，携手维护南海的和平稳定，实现两国和平共存、共同发展。

（2016年4月12日）

开启维护海洋权益的新征程

张小奕

近年来，我国海上维权面临着日益复杂的形势。东海方向，海洋形势有逐渐恶化的趋势。日本加紧谋求解禁集体自卫权，大幅调整军事安全政策。南海方向，海洋争端和危机持续发酵。美国从幕后跳到台前，开始直接介入中国与周边国家的南海争端，公然反对中国的海洋权利主张，还加紧拉拢日本、澳大利亚等其他域外国家介入南海问题，试图对华形成“合围”之势。南海周边国家在美国的策动之下不断采取挑衅性举动，力图将南海问题“国际化”“东盟化”，将其侵占岛礁的现状固定化、合法化。

面对日益复杂严峻的海上形势，《中华人民共和国国民经济和社会发展第十三个五年（2016—2020 年）规划纲要》（以下简称《纲要》）为我国未来的海上维权工作提供了 4 点思路：

第一，多管齐下，应对海上侵权行为。《纲要》指出，加强海上执法机构能力建设，深化涉海问题历史和法理研究，统筹运用各种手段维护和拓展国家海洋权益，妥善应对海上侵权行为。我国周边海域的争端核心是岛礁领土主权和海域划界争端。解决这些问题既需要充分比较岛礁主权归属的历史证据，又需要正确运用国际法的各项规则。因而，深入研究相关历史和法理问题，做好未来海洋争端被再次提交国际司法或准司法程序的法律预案，将是未来一段时间内我国海上维权的一项艰巨任务。在执法层面，美国在我国周边的军事行动介入和军用基础设施建设，周边国家海上侵权行为的加剧，以及南海仲裁案触发的国际关注和舆论压力，都给我国海上执法带来了新的困难和挑战。我国海上维权执法能力亟待提升，执法的手段和方式也需要更加灵活和变通。同时，在固守和维护既有海洋利益的同时，还需以长远和发展的眼光拓展我国的海洋权益空间，继续推进岛礁建设，主动规划并推进海洋资源开发和环境保护工程，积极开拓国家管辖外海域的战略利益，增加应对他国海上侵权的筹码，掌握海洋斗争的主动权。

第二，主动承担国际义务，积极构建国际秩序。《纲要》体现了我国"兼济天下"的理念，展示了积极承担国际责任和义务、提供国际公共产品的大国胸怀。我国不仅应致力于维护公共安全，加强海上反恐和防扩散国际合作，还要维护好我国管辖海域的航行自由和海洋通道安全。"航行自由"是近年来舆论热炒的话题之一。以美国为首的相关国家频频以南海航行自由受到威胁为由，公然否定中国的海洋主张，干涉中国行使主权和管辖权的活动。实际上，南海的航行自由，尤其是商船的航运和贸易自由并不存在任何问题。我国应主动提供维护航行自由和航道安全的公共产品和服务，澄清不实言论。对于正在进行的深海、极地、海洋环境保护、海上安全等领域的谈判和规则制定进程，我国应积极参与并发挥主导作用，将我国的海洋战略利益纳入未来的全球和区域海洋秩序之中。

第三，开放发展，务实合作。《纲要》明确提出开放发展的理念，强调以"一带一路"建设为统领，丰富对外开放内涵，提高对外开放水平，协同推进战略互信、投资经贸合作、人文交流，努力形成深度融合的互利合作格局，开创对外开放新局面。在海洋方向，应提升经贸外交的力度和层级，积极推进21世纪海上丝绸之路及其战略支点建设，打造具有国际航运影响力的海上丝绸之路指数。经贸先行，逐步拓宽和完善与周边国家的对话合作机制，积极推进在海上搜救、防灾减灾、海洋科研、海洋环境保护、航道安全等方面的务实合作，不断扩大我国与周边国家的海上共同利益。

第四，加强顶层设计，完善海洋立法。我国涉海部门较多，决策部门之间有待明晰权责，实务部门之间尚需整合资源、分工协作，不同部门和机构之间也应继续完善建言献策和沟通协调机制，广泛收集民意，充分发挥群众智慧，使各职能部门、院校、学者都能各司其职、各就其位。《纲要》将制定海洋基本法提上日程。这将是继近两年颁布《中华人民共和国国家安全法》《中华人民共和国深海海底区域资源勘探开发法》以来，我国海洋领域的又一大盛事。海洋安全是我国国家安全的关键环节之一，海洋基本法是有效维护我国领土主权、海洋安全和权益的重要保障，对于推进制定和实施国家海洋发展战略、加强海洋综合管理、提高全民海洋意识、促进海洋事业整体健康和快速发展具有重要意义。

未来5年是我国海洋强国和海上丝绸之路建设的黄金期，挑战和机遇并存。《纲要》在深度把脉我国面临海上形势的基础上，战略性地、全局性地提出了思路和指引，开启了我国海洋维权执法的新征程，也必将开创海洋强国建设新局面。

（2016年5月9日）

从林肯海划界看北极的“和与争”

贾 宇

2012年年底，丹麦外交部发布新闻公报称，正在加拿大访问的丹麦外交大臣瑟芬达尔与加拿大外交部长贝尔德签订了关于加丹两国在北冰洋海域的边界协议。新协议将替代两国于1973年签署的《加拿大政府和丹麦王国政府关于划分格陵兰和加拿大之间大陆架的协定》（以下简称“1973年划界协定”），更精确地界定了两国边界线。加拿大外交部表示，加拿大和丹麦以及格陵兰自治政府已就埃尔斯米尔岛和格陵兰岛以北林肯海的海域划界签署了协议，这将解决两国自1970年以来存在的划界争议。丹麦外交部表示，一个非常精确的边界线能够区分两国在北冰洋海域的捕鱼权及可能存在的矿产开采权，给两国带来切实利益。该协议的签署表明，海域划界问题可以在谈判桌上解决。

位于加拿大北部的北极群岛由北美大陆、格陵兰岛和北冰洋之间的众多岛屿组成，陆地面积约为130万平方千米，连接大西洋与太平洋的北极西北航道从其中穿过。埃尔斯米尔岛是北极群岛中最北端的岛，面积约为20万平方千米。埃尔斯米尔岛和丹麦的格陵兰岛之间则是纳尔斯海峡。

囿于北极地区特殊的地理和气候条件，以及人类的认知能力和科学技术水平，加丹双方在20世纪70年代的划界中，已经意识到对北极的认识将逐步深入。在1973年签订划界协定时，双方还缺乏水文测量图，并且格陵兰沿岸和加拿大北冰洋各岛各段的低潮线还没有精确确定，双方已经预见到将来可能需要对边界线进行调整并事先进行了约定。2012年签署的协定是对1973年划界协定的更新和发展。

这表明，随着全球气候变暖和北冰洋融冰加速，北极问题逐渐升温，北极事务已成为世界各国关注的焦点。北极国家紧迫感加强，更加重视寻求相互合作，维护自身权益。此次加丹之间就北冰洋海域划界达成协议，对北极国家解决海域划界争端，或将产生积极的示范效应。尽管如此，恰好位于埃尔斯米尔岛和格陵兰岛之间的纳尔斯海峡中心线上的汉斯岛的主权归属依然存在争议。两国外交部表示，将于2013年就该岛的主权归属展开谈判。

本次加丹海域划界也引发了相关法律问题的探讨。首先，加拿大是位于北美大陆的陆地大国，北极群岛是加拿大在北冰洋的“临海面”。加拿大在北极群岛的领海基线采用直线基线法，围绕北极群岛的最外缘划定了直线基线。1973年划界协定中，加丹双方一致同意以各自的领海基线作为划界的起始线。该协议第2条规定，在戴维斯海峡和巴芬湾海域，双方边界线是从加拿大北冰洋各岛和格陵兰沿岸的直线基线起算的，2012年的新协定依然如此。作为大陆国家的加拿大，以直线基线划定北极群岛领海基线，并得到对方国家的承认，而且是作为划界的起始线，这为大陆国家对其群岛划定直线基线提供了先例，值得深入研究。

其次，加拿大划定的直线基线，使得西北航道不得不穿越北极群岛，这引发了美加之间关于位于北极群岛的一些海峡的法律性质的争论。美国主张北极群岛中的一些海峡是用于国际航行的海峡，应适用《联合国海洋法公约》关于国际海峡的航行制度。俄罗斯也反对加拿大将西北航道“据为己有”。加拿大则认为，北极群岛内的海域位于加拿大的领海基线之内，是加拿大的内水，途经此处的航道是加拿大的国内航线，并且北极群岛冰天雪地，迄今为止还没有航行的可能，国际海峡之说不能成立。显然，随着西北航道通航可能性的不断增大，这种争论会愈演愈烈。

笔者认为，本次划界协定的签订将促使关于西北航道法律性质的讨论升温。一方面，加拿大除在北极群岛海域划定直线基线以外，还将北极群岛水域界定为历史性水域，作为加拿大的内水。加拿大通过直线基线和历史性水域两种“法理依据”，为北极群岛的内水地位上了“双保险”；另一方面，假使如美、俄所愿，将西北航道“变身”为用于国际航行的海峡，则有利于国际航行和航运业的发展。两种主张的对立恐非一朝一夕可以调和，人们可以拭目以待。

格陵兰岛是世界上最大的岛屿。根据1933年常设国际法院裁决，丹麦获得格陵兰岛主权。1979年格陵兰开始实行内部自治，但外交、防务和司法仍由丹麦掌管。2009年格陵兰正式自治，拥有部分外交事务权。格陵兰岛的4/5位于北极圈之内，加快开发北极资源是其当务之急，但海洋划界争议对其经济发展影响较大。格陵兰需要排除干扰，加快与其他北极周边国家的国际合作。就丹麦而言，如果格陵兰脱离了对丹麦的隶属关系，丹麦就丧失了作为北极国家的资格。

（2013 年 2 月 20 日）

海洋经济与科技

以海洋科技创新深度经略海洋

刘　岩

中共中央总书记习近平在中共中央政治局就建设海洋强国研究进行集体学习时强调，“建设海洋强国是中国特色社会主义事业的重要组成部分。要进一步关心海洋、认识海洋、经略海洋，推动我国海洋强国建设不断取得新成就”。这是站在中华民族复兴的战略全局的高度，对建设海洋强国进行的统筹规划和战略部署。

“经营天下，略有四海，故曰经略。”所谓经略，就是经营治理、筹划谋划。经略海洋就是立足全球海洋视野，集约开发和优化利用沿岸和近海资源，务实推进管辖海域的实质性开发；依据《联合国海洋法公约》，协商分享其他沿海国管辖海域的资源；发展深海技术，不断加深对深海大洋及南北两极的科学认识，努力为人类和平利用深海大洋和极地做出贡献。

我国是陆海兼备的大国，经略海洋的时机已基本成熟。改革开放以来，依托于沿海区位优势和海洋资源优势，东部沿海地区率先发展，为实现我国经济“三步走”战略的第一步、第二步目标做出了重要贡献，也为2020年实现全面建成小康社会的宏伟目标奠定了坚实基础。我国既是陆地大国，也是海洋大国，拥有广泛的海洋战略利益。目前我国的经济重心在东部沿海地区，但国家的利益已超出地理疆界，成为深度融入全球经济、高度依赖海洋的开放型经济体系。我国经济的对外依存度已高达60%，对外贸易运输量的90%以上是通过海上运输完成的，中国商船队的航迹遍布世界1200多个港口。全面建成小康社会和海洋强国建设需要更强大的经济实力作后盾，也需要更广阔的发展空间。我国中西部生态系统脆弱，高效国土不多，不宜过度开发；而东部沿海地区的近岸海域生态环境资源逐步显现出对经济发展支撑的乏力和后劲不足。面对陆地和近岸海域资源环境约束的不断强化，建设海洋强国需要实行陆海统筹，不断深化认识和经略海洋。

习近平总书记在讲话中强调，“要发展海洋科学技术，着力推动海洋科技向创新引领型转变。建设海洋强国必须大力发展海洋高新技术。要依靠科技进步和创新，努力突破制约海洋经济发展和海洋生态保护的科技瓶颈”。目前，我国海洋科技对建设海洋强国的引领和支撑能力不足，特别是深海技术和装备落后于人，海洋资源开发核心技术差距较大，直接制约着我国走向海洋、经略海洋的深度和广度。如深海技术和高端装备总体上落后发达国家10年左右，个别领域如海洋材料与工艺、通用技术设备等落后20年。高端深水油气勘探开发技术装备受制于人，海洋运载装备核心技术落后于欧洲、美国、日本、韩国等。因此，我国应将深海工程和海洋运载工程提升为国家重大专项工程，深度经略海洋。

今后我们要按照总书记的指示，实施海洋高技术创新引领战略，做好海洋科技创新总体规划。重点发展具有自主知识产权的深水、绿色、安全的海洋高技术，支持发展市场前景广阔、辐射带动作用显著、有利于促进海洋产业结构升级的核心技术和关键共性技术，如海水利用技术、海洋可再生能源利用技术、深水油气勘探开发技术、深远海生物资源利用技术，以及海洋药物、海洋功能食品和海洋微生物开发等。把深海工程和海洋运载工程提升为国家重大专项工程，加大投入和政策支持力度，加快构建以企业为主体、市场为导向、产学研相结合的海洋产业技术创新体系，重点鼓励形成深远海技术装备研发合作产业联盟，促进我国海洋开发不断向深远海拓展。

（2013年8月9日）

可燃冰：商业化开采路有多远

刘　明

日前，日本经济产业省宣布，日本成功在近海地层蕴藏的可燃冰中分离出甲烷气体，标志着日本可燃冰商业化开采迈出了关键一步，成为世界上首个掌握海底可燃冰采掘技术的国家。日本在世界上首次从海底采集到甲烷气体对于人类新能源的开采是一次重大突破。据估算，日本周边海域可燃冰的天然气蕴藏量相当于日本 100 年的天然气消费量。如果日本能够将这项技术实现商业化利用，必然对日本乃至全球的能源消费结构产生重大影响。

一、商业化开采前途难料

可燃冰是水和天然气在高压、低温条件下混合而成的一种固态物质，具有使用方便、燃烧值高、清洁无污染等特点，主要分布在海底和永久冻土层内，是公认的地球上尚未开发的、规模巨大的新型能源。日本此次成功分离出甲烷气体，向商业化开采迈出了重要一步，但离真正实现商业化开采仍然任重道远。

可燃冰虽然发展前景广阔，但目前资源量还不明确，也缺乏安全环保的开采技术，这是目前可燃冰开发中面临的突出问题。目前，国内外常见的开采技术主要包括注热开采法、降压开采法、化学剂开采法以及几种开发方式相结合的开采方法。近年来日本、美国等国家在开采方案上取得了重大进步，日本这次开采试验采用的是降压开采法。降压开采法是利用降低可燃冰沉积压力来促使其分解，一般通过降低可燃冰层之下的游离气聚集层中天然气的压力，从而使与天然气接触的可燃冰变得不稳定，并且分解为天然气和水。降压开采法与其他方法相比，其特点是经济、简便易行、无需增加设备，是所有开采方法中的首选方法，更适合于大规模的可燃冰开发。美国研究人员则发明了一种二氧化碳置换法，在实验中已取得成功。这种方法将废弃的二氧化碳注入海底的可燃冰储层，从而将其中的甲烷分子置换出来。这种方法不仅释放的温室气体少，还能将大量的二氧化碳送入深海。但总的来说，这些技术是否能满足商业化开采的需求，目前仍是一个问号。

缺少成熟可靠的贮存运输方法也是可燃冰商业开采面临的难题，这会导致其成本较为昂贵。可燃冰在常压下不能稳定存在，温度超过20℃时就会分解，解决储存问题是可燃冰被大规模开发利用的关键之一。对于大规模的储存和运输手段，目前各国还在加紧研究相关技术和设施。可燃冰的开采成本也非常高，若使用现有的技术已可以做到获取可燃冰，但成本可能将达到每立方米200美元的“天价”。可燃冰如果开采不当会加剧温室效应。在开采中，一旦失去高压和低温的环境，甲烷就会迅速从包含物中脱离出来释放到大气中，而甲烷在造成全球气候变暖方面的影响，远远大于二氧化碳。

因此，从总体上讲，可燃冰进行商业化开采还有许多困扰全世界的共同难题。只有这些问题的悉数解决，我们才可以说可燃冰真正实现了商业化开采。但尽管如此，美国、加拿大、俄罗斯、印度、韩国等国家都分别制订了有关可燃冰的长期研究计划，计划在5~10年内实现可燃冰的商业开采。例如，美国早在1998年，就已将可燃冰作为国家发展的战略能源列入国家级长远计划，并计划到2015年进行商业性试开采；日本在今年出台的《海洋基本计划草案》中提出到2018年完善可燃冰的商业化开采技术；印度于1995年制订了为期5年的《全国气体水合物研究计划》，由国家投资5600万美元对其周边海域的可燃冰进行前期调查研究；韩国的《可燃冰开发10年计划》中计划投入2257亿韩元，用以研究开发深海勘探和商业生产技术。

二、我国2030年或实现商业开采

我国对“可燃冰”的研究起步较晚，但我国对于开发应用“后石油时代”的新型清洁能源十分重视。2007年5月，我国在南海北部成功钻获了可燃冰实物样品，成为第四个通过国家级研发计划开采可燃冰实物样品的国家，这标志着我国可燃冰调查研究水平步入世界先进行列。近年来，在国家财政的大力支持和科研人员的努力下，我国在可燃冰热开采技术、减压开采技术、注化学药剂、二氧化碳置换开采技术、技术装备等方面取得重要进展。为加快对可燃冰的商业开采步伐，我国于2011年启动了为期3年的对可燃冰成矿规律的新一轮研究。2012年5月，我国第一艘自行设计的可燃冰综合调查船“海洋六号”，深入南海北部区域进行新一轮“精确调查”，并计划于今年开钻，以获取新的可燃冰实物样品。

总体来看，我国对可燃冰的研发居于世界先进行列。经过多年勘察，我国对于海域可燃冰的专题调查工作取得了重大的进展，目前已经在南海签订了25个成矿区块，控制资源量达到41亿吨。在西沙海槽，我国科学家已初步圈出可燃冰分布面积5242平方千米，其资源估算达4.1万亿立方米。在南海其他海域，同样也有可燃冰存在的必备条件。目前，我国已经形成由国家调查专项、国家“863”计划项目、“973”项目及三大石油公司的勘察项目组成的立体、多层次的勘察投入体系。

尽管我国经过多年发展，可燃冰的研究和勘探取得重大进展。但可燃冰的开采作为一个国际科学界的难点，在未来10~15年间，我国关于可燃冰的研究仍将集中在“有多少”和“怎么采”两个问题上，主要就是解决评价和开采的技术方法。预计我国在2020年前后有望实现工业开采，海域可燃冰到2030年实现商业生产。

笔者认为，在此过程中，需要制定我国中长期可燃冰开发利用专项规划，充分依靠自主创新，提升我国深海勘探技术及海上装备水平，组织跨领域、跨学科的全国性攻关，大力研究可燃冰的开采技术方法体系。同时，需要加强国际合作借鉴国外先进的勘探开采技术方法。

（2013年4月2日）

推进海洋经济发展转型

刘容子　张　平

2013年7月30日，在中共中央政治局第八次集体学习时，习近平总书记提出“要进一步关心海洋、认识海洋、经略海洋，推动我国海洋强国建设不断取得新成就”。建设海洋强国是党的十八大作出的重大部署，“进一步提高海洋资源开发能力，推动海洋经济向质量效益型转变”无疑是海洋强国建设的核心任务之一。

海洋资源开发能力体现在对海洋的认识、对海洋的探索意识，体现在对海洋物质资源和空间资源的科学合理开发、高效利用，更体现在对海洋经济增长方式的理性把握。

经过近二三十年的高速增长，我国海洋开发能力迅速提高，海洋产业门类快速扩展，海洋经济总体实力跻身世界前列，海洋生产总值从2001年的不足1万亿元增长到2012年的5万亿元。按照产业经济的一般规律，我国海洋经济的发展正处于一个关键的历史转折点：从以拓展海洋开发领域、扩大海洋经济规模为特点的成长阶段，向以提高海洋开发的精细化程度和资源利用效率、推进海洋经济绿色发展为特点的成熟阶段转变。

追求质量效益是经济发展的不二法则，实现海洋开发的高效、低碳、安全是经济全球化时代海洋国家的共同追求。目前，发达国家的海洋开发已经进入立体、绿色、有序发展的新阶段，作为一个大国，中国的海洋开发必须是全球的、负责任的，中国的海洋经济也必定要走绿色可持续发展之路。中国海洋经济正处于成长期向成熟期迈进的转折阶段，粗放式增长方式已经带来一系列资源、生态和环境的矛盾、危机、问题，依靠资源投入和资本投入带来的经济增长出现回落。因此，必须抓住国际产业调整的机遇，大力发展战略性海洋新兴产业，在海洋可再生能源、海水健康养殖、海洋生物制品和医药、海洋高端工程装备、深远海矿产资源和海洋高技术服务等方面着力投入，促进海洋经济增长内容和方式的转变。

推进发展方式转变、经济增长转型应该是一个时期内我国海洋经济工作的长期任务。按照党和国家的总体战略部署，当前，在继续保持海洋经济规模持续稳步增长的同时，各涉海行业要着力把工作的重心转向重视发展质量和效益，通过科技引领、管理创新、观念转变，推动海洋经济向清洁、循环、集约、高效方向转变，夯实海洋强国建设基础。

发达的海洋经济是建设海洋强国的重要支撑，高质量和高效益是发达海洋经济的重要体现。习近平总书记提出要使海洋产业成为国民经济的支柱产业，这就要求各项海洋工作必须始终以发展海洋经济为中心，着力构建具有中国特色的现代海洋产业体系，为人民提供健康的食品、清洁的能源、赖以生存的淡水以及环境优美、人海和谐的生活环境。

乘风扬帆，把海洋经济向质量效益型转变作为海洋强国建设和海洋生态文明建设的中心工作，持久有效地为建设海洋强国提供物质保障和能力支撑。

（2013 年 8 月 13 日）

构建我国海洋水下观测体系的思考

王　芳

海洋水下观测网是指基于有线或无线方式，借助固定或移动平台对海洋水体、海底及其以下的环境、资源进行长期、持续、实时测量的网络系统。即将因特网延伸到海底，在海底铺设光电缆形成一个网络，该网络对水下观测设备长期、持续供电并进行通信，将观测数据实时传输到岸站，同时岸站对水下网络设施和观测设备状态进行监控。

海洋观测是进行海洋开发和综合管控的基础依据，是做好“知海、用海、护海”的前提。全面提升海洋水下安全监控能力，尽快建立水下目标探测、监视、预警体系，构筑“水下长城”，构筑立体化的海洋观测与应用综合系统，对于维护国家海洋权益、保障国家海洋安全、建设海洋生态文明、促进海洋科学进步具有重大战略意义。

一、构建海洋水下观测体系的必要性

保障海洋安全的必然要求。我国海洋安全形势异常严峻复杂，其中水下安全问题尤为突出，海洋水下“门户洞开”。突出表现在水下探预警的基本空白状态及海洋战略资源信息安全隐患等方面。这些安全隐患都是由于我海洋水下目标监视手段弱，水下探预警信息获取能力不强，看不见、看不远、看不清，缺少完善有效的海洋观测体系，水下战场对外呈现“单向透明”状态，海洋安全面临极大威胁。

另外，当前我国海洋油气资源开采系统的水下生产设施基本上都是采用进口设备（主要是美国产品），并由国外企业施工、运维。此被动局面使得我海洋战略资源信息监管能力差，在水下油气资源开采系统中使用的进口设备存在监管漏洞。

海洋防灾减灾及社会经济发展的迫切需求。海洋观测是海洋灾害预测预警的基础支撑。海洋水下观测是海洋防灾减灾的重要手段之一，特别是对海啸、台风、海底地震、海底地质灾害的实时监测，可有效减少沿海社会经济损失。从中国的地理区位和地缘特点来看，海底地震、海啸、风暴潮等海洋灾害发生的概率大、频率高，但目前国家地震台网仅在海上设立两个台站，还只是实验阶段，而区域地震台网在海中还没有任何部署。通过建设海底观测网，在监测水下目标的同时，可实现对海洋环境的长期、实时、原位观测，有效提高海洋灾害预报与预警能力，为沿海社会经济发展提供保障。

展示国际形象及综合国力的现实需要。海洋的竞争在很大程度上是科技的角逐。继地面与海面观测，空、天基的遥测遥感之后，海洋观测将成为未来海洋探测和研究的重要方式，备受各国海洋科技界的高度重视。马来西亚航空飞机失联事件发生后，多国海上搜救力量集结比拼，是对海洋探测能力的一场大考，也是各国实力的综合体现。目前，世界各海洋强国积极构建水下监视网，美国、加拿大、日本及欧洲等国家和地区已建成海底观测网。

近年来，我国虽然在海洋观测仪器、海洋观测平台及潜水器方面有了较大的进步，但仪器设备大多以进口为主，现有的区域观测网处于论证和示范阶段，全局观测网尚属空白，信息处理系统建设也只是刚刚起步。在水下探测技术、海洋观测网特别是海洋水下观测体系建设方面，我们与国际发展差距巨大，迫切需要改变“三个不相称”，即：水下观测和目标监视预警的科技水平与大国地位严重不相称；水下观测与监视预警规模发展与国家科技实力、经济实力、战略威胁的增长严重不相称；水下监视警戒能力与海军水面水下的作战能力严重不相称。

二、国际海洋水下观测体系的发展概况

美国、加拿大等国率先开展海底观测系统建设。1998 年美国启动综合海洋观测系统计划，综合了美国 11 个区域观测网，组成一个全局性观测系统，观测范围覆盖美国的全部近海海域。

1999 年加拿大正式启动东北太平洋时间序列海底网计划，2009 年年底开始正式业务化运行，也是世界上第一个区域性的海底观测电缆网络。目前，该网已向太平洋海啸预警中心、加拿大国家地震仪网等及世界各地用户提供了超过 100 多 TB 的观测数据。

欧洲也制订了海底观测计划。2004 年英国、德国、法国等开始实施，2009 年投入业务化运行。欧洲还制订了多学科海底观测计划，12 国联合建设 12 个深海观测站，共同联网构成欧洲海底观测网络综合系统。这些观测系统主要用于防灾减灾和科学研究，同时用于军事目的。

综观国际，经过多年的发展，目前已经形成完整的海洋水下观测体系。在水下观测技术方面，海洋传感器实现系列化，通用技术朝着模块化、标准化、通用化方向发展；海洋观测平台技术朝着多样化、多功能等方面发展；无人潜水器产业化已成形；新型无人潜水器不断问世，海洋观测仪器与设备不断进步，为构建海洋观测网提供了技术保障。海洋水下观测体系正在朝着大数据联网和区域性观测系统集成方向发展。

三、我国海洋水下观测体系发展现状分析

由于水下观测的重要性，多年来，我国的有关部门和机构在水下目标监测网的论证、前期研发、试验等方面不断努力，奠定了良好的工作基础。目前，我国在海洋传感器研发方面取得长足进展，水下观测网处于小型示范试验阶段，观测平台呈现多样化发展。

中科院在水下观测网建设方面做了诸多探索性研究，水下组网探测技术取得突破。2010 年，我国第一条海底光纤探测系统布放成功。2011 年，科技部投资 4000 万元，在距海南陵水基地岸边 100 千米处，布放了第二套岸基光纤探测系统。2012 年，国务院 50 号文明令：在海南陵水建设海底观测网系统。为此，科技部投资 2.5 亿元建设南海海底观测网试验系统。2013 年 5 月 11 日建成并投入运行的三亚海底观测示范系统，是我国相对具备较为完整功能的海底观测示范系统。该系统由岸基站、2 千米长光电缆、1 个主接驳盒和 1 个次接驳盒、3 套观测设备、1 个声学网关节点与 3 个观测节点构成，具有扩展功能。另外，上海洋山附近海域的小瞿山平台海底观测试验系统，依托海上观测平台，布设长度约 1.1 千米的海底光电复合缆。浙江大学建有摘箬山岛海底观测网络示范系统，2013 年 8 月 11 日成功布放。

近年来，国家日益重视海洋水下观测体系建设。自 2012 年起，国家海洋局和军方开展了海底观测及水下目标监视系统项目设计和预研，期望通过相关工作有效改变我国水下监测能力薄弱的严峻局面。2013 年“两会”

期间，国务院正式发布《国家重大科技基础设施建设中长期规划（2012—2030年）》，海底科学观测网被列为16项重大科技基础设施之首。

可以看出，我国有关主管部门围绕构建海洋观测网，针对不同的目标探讨和实践，取得一定成果，为推进海洋水下观测体系建设奠定了基础、创造了条件。国家的重视，也为海洋水下观测体系建设提供了良好的政策保障。但与此同时，在海洋水下观测体系建设方面也存在许多问题，特别是缺乏“全国一盘棋”的顶层设计和统筹协调，工作中的“散”“乱”现象较为突出，存在着部门各自为战、力量分散、重复建设、资源浪费等现象。现有观测系统的服务对象与应用需求单一，数据利用率低，观测系统的空间覆盖和时间连续性差，观测系统维护困难，不利于长远发展。

海洋水下观测体系建设是一项耗资巨大的系统工程，为节约资源、节省投资、提高效率，迫切需要加强资源整合、统筹军民共建，推动信息共享，从国家高度提出海洋观测网规划布局，做到“一网打尽”。

四、对推进我国海洋水下观测体系建设的建议

为加快推进和完善我国海洋水下观测体系建设，从加强顶层设计、推动统筹协调、加速技术研发等方面提出如下建议。

（一）制定和实施“中国海洋水下观测体系建设战略规划”

以海洋水下观测体系建设战略规划为顶层设计的抓手，对海洋水下观测体系的功能定位、战略布局进行合理规划，像发展航天工程一样发展海洋水下观测事业，举全国之力协同开展海洋水下观测体系建设。

规划立足“十三五”、面向2030年，围绕建设海洋强国的战略目标，明确提出我国海洋水下观测体系建设的战略思路、发展重点、发展路线图、重大工程、科技专项、保障措施及政策建议。战略目标是要提高海洋透明度，提升我国海洋水下长期、连续的观测能力；增强我国管辖海域边缘（争议区内边界）水下防御能力；提升我国海洋水下观测技术的国际竞争力。

规划区域不仅应覆盖我国管辖海域，而且要涉及关系国家利益的全球海洋，特别要对近海、深远海、边远海岛、战略通道等关键区域进行部署。通过水下观测体系建设为今后海洋观测网的扩展、整合奠定基础。

（二）处理好3个层面的关系

针对目前的紧迫形势和发展现状，近期应有所作为，正确处理好几个关系。

一是军民关系。水下目标的侦察监视预警能力建设必须寓军于民、掩军于民、以军促民，军民兼用。

二是部门关系。根据各部门职责，合理分工，统筹协作，避免“打乱仗”和重复浪费。针对现有工作成果和特点，协调好各方关系，梳理建设试验网和业务网，将现有的各类观测网统一归并入试验网，在取得经验和不断完善的基础上，积极构建水下观测业务网。按照职责分工，试验网由科技部负责，明确对象和任务，解决观测体系建设中的具体技术问题；业务网由发改委负责，根据不同用户需求发展不同类型的业务网，为国防安全服务，为防灾减灾服务。在国家规划指导下，最终实现从近岸试验站、深水试验站向近海试验网、深远海试验网再到业务网的稳步推进。

三是远近关系。从近期看，为加快观测体系发展，可适当引进国外技术和购买设备。但从长远看，我国水下观测体系建设必须充分依托自主核心技术，研发关键技术，加强资格论证和标准规范建设，弥补安全漏洞，在装备制造和运维等方面扭转受制于人的被动局面。

（三）设立海洋水下观测业务管理中心

海洋水下观测体系建设是一项系统工程，需要建立管理机构，统一标准，推动产业，加强安全。建议加强组织管理和机构保障，设立专门机构——海洋水下观测业务管理中心，负责海洋水下观测体系建设和运行管理。建立运维体系，加强制度建设，制定严格的保密制度、技术标准和业务规范。统一标准，强化安全，推动产业化发展。在管理中心建设之初，要加大政策支持力度，在建设用地、人员引进、资金扶持等方面给予充分保障。

（2015年12月2日）

加强国际合作 打造海洋经济升级版

张 平

海洋是全人类的共同财富，承载着世界经济发展与合作共赢的希望。国务院总理李克强在2014年6月出席中国与希腊海洋合作论坛时强调，愿同其他海洋国家一道“共同建设海上通道、发展海洋经济、利用海洋资源”。随着经济全球化的进展，加之海洋开发本身具有的开放性特点，海洋经济必将成为国际合作的新亮点。

经过多年高速发展后，中国海洋经济进入调整期，资源和投资驱动的粗放型发展模式难以为继。为突破这一困局，全面打造海洋经济升级版，在继续激发海洋经济增长内生动力外，必须运用全球战略眼光，从更大范围和更宽视野谋划海洋经济发展。

一是要积极开展海洋资源型产业的交流与合作。海洋资源开发为人类提供各种生活、生产资料，是全球经济活动的重要组成部分。中国是世界最大的水产品生产国，海水养殖量超过全世界的50%，海洋捕捞量约占世界的15%。辉煌的数据背后是养殖产品低质化严重，市场美誉度差；海洋捕捞集中于近海，远洋渔业产量不足一成等问题。对此，中国应主动寻求与相关国家开展过洋渔业和大洋渔业合作，参与开发南极海洋生物资源；鼓励企业、渔业合作社引进、购买国外渔具专利和养殖技术，提升探捕能力，提高产品质量。

海洋油气领域合作也大有可为。近些年，我国海洋油气勘探、开采技术取得长足进步，海洋油气产量稳定在5000万吨以上，但油气开发仍以浅海为主，对储量巨大的深水油气资源，特别是东海、南海等海域，由于技术等原因，进展缓慢。为加速提升深水作业能力，中国应在物探、钻井、测井、海工、特种船舶等关键技术与装备以及企业管理、制度建设等方面开展国际合作。建议采用联合勘探、产品购买、合作研发、技术转让等方式，由简到难，实现双赢。

二是要不断拓展海洋制造业交流合作的深度和广度。以造船业为代表的海洋制造业受全球经济不景气、海运需求低迷、船舶运力和造船产能过剩等多重因素的影响，面临巨大发展压力。自2010年以来，我国造船完工量、新接订单量、手持订单量下跌严重，从侧面反映了船舶和海工制造能力虽有进展但进展缓慢、产品结构虽有提升但仍以低端船舶为主的现状。中国企业在船型设计、高端船舶和装备制造等方面不具竞争优势，亟待在全球范围内开展合作。

具体来讲，支持企业引进船舶和海洋工程装备开发、设计核心人才和团队；支持船舶和配套企业调整产能和资源配置，开展全球产业布局与海外产业重组；支持有条件的企业通过独资、合资的方式设立海外研发中心。

三是要在更大范围、更广领域、更高层次上参与海洋服务业的国际合作。海运业是海洋服务业的重要组成，支持着全球80%的贸易量，极大地促进了全球经济繁荣。改革开放以来，中国海运业积极融入世界，并带动了金融、保险、旅游等其他服务业的发展。然而，需要引起各方重视的是，随着海洋科技水平的提高和海洋开发活动的推进，海洋服务业的范畴被极大地扩展了，行业门类日益多样。从服务对象视角看，一类是面向海洋生产活动的，包括海洋交通运输、海洋工程维护、海洋信息与软件、海洋金融与保险、海洋产业科技支撑等；另一类是面向民生、服务大众的，包括滨海旅游、海洋气象信息、海洋环境预报、海洋环境危机处理、海洋搜救、海洋教育与管理、海洋文化等。过去10年，中国政府和企业在运输、旅游等传统海洋服务产业领域取得了瞩目的成绩，今后还需密切跟踪海洋经济发展潮流，对更加丰富多样的现代海洋服务领域提前谋划，积极参与国际合作与竞争，使中国海洋服务业站在世界发展的前沿和制高点。

在新的历史阶段，新的发展起点上，中国必须及时抓住新一轮国际生产要素流动、科技加速创新、产业调整的重大机遇，参与国际海洋合作和竞争，利用国内外“两种资源、两个市场”，促进海洋经济迈上更高的台阶。

（2014年7月30日）

浅析岛群综合承载力作用

刘　明

《2016年全国海岛工作要点》明确，要完善基于生态系统的海岛综合管理制度体系，提高海岛生态保护水平。由此，要开展海岛资源环境承载力监测预警评估，继续配合推进海岛资源环境承载力监测预警评估，继续完善监测预警指标体系，对超载和临界超载地区实施限制性措施。

这一要求不仅表明了资源环境承载力与海岛开发保护的关系，也指明了要监测海岛资源环境承载力，并以相应指标作为海岛空间用途管制的基础与依据。这些要求，不仅适用于海岛，同样也适用于岛群。

岛群是由若干个地理位置相近、海域相通的单岛组成的具有更好保护和开发价值的地理单元或生态系统。一直以来，促进沿海区域的岛群综合开发是海岛管理的重要方向。在岛群综合开发中，岛群综合承载力的监测和各项指标获取应成为开发与保护的重要前提条件。

岛群综合承载力的内涵可表述为：在一定时期，以岛群资源的可持续利用、岛群生态环境的不被破坏为原则，在符合现阶段社会文化准则的物质生活水平的条件下，通过岛群的自我调节、自我维持，岛群所能够支持的人口、环境和社会经济协调发展的能力或限度。岛群综合承载力涉及资源、生态和环境三个主要因素，是岛群资源、生态和环境三者组成系统的综合承载力，而非三者简单相加。

岛群综合承载力主要影响因素包括自然因素、人为因素、生态系统稳定性与恢复弹性等。

自然因素主要包括地理位置、气候、岛陆自然资源，海域自然资源以及海洋环境容量和质量状况等。人为因素主要指人类活动造成的压力和对承载力的调控两方面。压力大小取决于人口数量、结构、经济发展水平以及人类对岛群海域环境影响程度。

人类对岛群综合承载力的调控作用主要体现在科技进步、调整人类经济活动模式以及调动区域外因素等方面。科技进步能够不断发现新能源，提高资源和能源的利用率，削减污染物的排放量，提高管理水平等。科技进步是提高岛群综合承载力的有效途径之一。调整人类经济活动模式也可以提高岛群综合承载力。例如，调整优化海洋产业结构，降低对海域环境造成较大压力的产业比例等。此外，区域外因素也是影响岛群综合承载力的重要因素。这方面最常见的是跨区域的资源调配，例如，江苏连岛跨海大桥工程大幅提高了岛群综合承载力。

从岛群综合承载力的内涵和影响因素可以看出，由于资源、环境条件的变化，以及科学技术水平的提高，岛群综合承载力是动态变化的。近年来，随着沿海区域经济持续快速发展，海岛开发面临的资源环境约束也持续加剧，迫切需要不断提高综合承载力。同时，优化岛群区域空间开发格局，调整空间结构，促进生产空间集约高效、生活空间宜居适度、生态空间山清水秀，都需要以综合承载力为依据。

当前，迫切需要加强岛群综合承载力监测评价的规范化与标准化工作，开展岛群区域综合承载力监测评价与示范。

规范岛群综合承载力评价指标体系及其赋值技术与动态监测方法。目前，岛群综合承载力已初步建立评价的理论体系、动态监测模型，并且开展了特定岛群区域的综合承载力示范研究。尽管如此，岛群区域的划分从理论上仍缺乏严格的标准，这在一定程度上限制了承载力理论和技术方法的应用。

探索基于综合承载力的岛群区域用途管制体制机制。在典型岛群区域综合承载力评价监测示范研究的基础上，建立动态监测与预警机制，管制不同类型岛群的开发与保护模式。探索利用承载力指标进行岛群区域用途管制的途径与方式。

（2016 年 8 月 3 日）

推动中希海洋科技领域合作
共建和谐之海

朱　璇

当地时间2014年6月20日上午，国务院总理李克强在希腊雅典出席中希海洋合作论坛，发表题为《努力建设和平合作和谐之海》的演讲。

建设和平、合作、和谐之海，离不开世界各国的共同努力。李克强强调，“中国愿同海洋国家一道，积极构建海洋合作伙伴关系，共同建设海上通道、发展海洋经济、利用海洋资源、探索海洋奥秘，为扩大国际海洋合作做出贡献”。希腊有着悠久的海洋文明，丰富的航运经验，也具备近一个世纪的现代海洋研究历史，有很多探索海洋、开发海洋、保护海洋的经验。中华文明的发展历程中也没有离开过海洋，尤其在当前这一时期，中国海洋事业快速发展，对海洋的开发能力显著增强，了解和探索海洋的需求也进一步增强。因此，推动中希海洋科技领域合作，对促进两国海洋科技发展、共同探索海洋具有重要作用。

希腊有悠久的航运历史，海运至今仍是希腊的经济支柱产业。一直以来，希腊非常重视海运安全，围绕着保障海上活动安全做出了很多努力。1997年，希腊在欧洲自由贸易联盟的资助下研制开发了爱琴海监测和预报系统——海神系统。目前，该系统已经运行了十几年，所采集的海洋物理和生物化学数据被用于研制多种海洋预报产品，包括对海运极为重要的天气和海况预报。

近年来，我国海洋观测技术也取得了突破性发展，具备了水面和水下观测技术、岸站观测技术、空基海洋观测技术等，已初步形成了立体海洋观测网。在海洋观测数据的支撑下，我国建立了海洋环境预报中心，开展了海洋环境、海洋灾害的预警报工作。

中国是全球第一大货物贸易国，大部分货物通过海上运输。加强海洋灾害预警报能力，保障海上运输安全对中国极为重要。在海洋观测和预警报领域，我国同希腊都具备较好的工作基础，有着共同的保护海上活动的需求，合作前景良好。

事实上，除希腊海神系统外，欧洲国家还建立了若干区域性海洋观测网络，如英国国家海洋观测系统、爱尔兰海监测系统等。近年来，欧盟开始整合海洋观测网络，自 2007 年起建立了欧洲海洋观测与数据网络，通过整合各区域海洋监测系统的数据，在欧盟范围内共享海洋信息。这一举措可以令海洋信息直接为海洋产业和科研部门提供服务。

在今年 5 月发布的欧盟蓝色经济创新倡议中，欧盟提出要继续改进和扩展欧洲海洋观测与数据网络，绘制出高分辨率的包括海底和覆盖水域的欧洲海洋地图。这些计划充分表明：具有长期海洋开发历史的欧洲国家正打算通过海洋观测和信息共享的方式，激发海洋经济和科技的进一步发展，从海洋中获取更大利益。欧洲国家发展海洋观测和信息服务的技术、经验和理念，值得我国借鉴。希腊是欧盟成员国之一，也是欧洲海洋科研的重要力量，希腊可以成为中国加强与欧盟科技合作的强有力伙伴。

除了海洋观测，中国和希腊还在相当广泛的领域有合作潜力。在首届中希海洋科技合作研讨会上，中希两国的海洋专家围绕海洋环境与气候变化、海洋生态保护、海洋地质环境与灾害、海洋高新技术等话题进行了研讨，认为双方可以在海洋卫星定标与校准领域、海洋深潜领域展开合作。

中国与希腊有长期的科技合作基础，两国政府于 1979 年签订了政府间科技合作协定，基本上每两年举行一次科技合作委员会会议。可再生能源、环境等主题一直是中希科技合作的优先领域。此次李克强总理访问希腊并出席中希海洋合作论坛，为中希海洋科技合作带来了良好的机会。访问期间，中国与希腊签署海洋合作谅解备忘录，决定成立中希政府间海洋合作委员会，加强在海洋科技、环保、防灾减灾和海上执法等领域务实合作。中希海洋合作论坛有望成为进一步深化两国海洋科技领域合作的契机，推动中希乃至中欧海洋合作。

21 世纪是海洋世纪，是世界各国大规模开发、利用海洋的世纪。海洋世纪承载着人类走向海洋谋求发展的梦想，也面临着在气候变化影响加剧和环境风险增大背景下来自海洋的巨大挑战。21 世纪也是全球科技竞争的时代，各国纷纷以科技为突破点，寻求科技驱动发展的道路。近年来，欧盟提出的绿色创新战略和蓝色增长计划都把科技创新作为拉动经济复苏，带动社会发展，同时也是解决环境问题的关键。在全球应对海洋生态环境挑战，增强海洋对经济发展和人类福利贡献的过程中，科技创新也承担着重要作用。为此，有必要加强海洋科技合作，扩大国际海洋合作领域，同世界各国一道建设“和平、合作、和谐”之海。

（2014 年 8 月 6 日）

扩大开放　加强合作　推进海洋经济转型

刘　堃

李克强总理在中希海洋合作论坛上阐述了努力建设“和平合作和谐之海”的中国特色海洋观。他表示，中国愿同海洋国家一道，积极构建海洋合作伙伴关系，共同建设海上通道、发展海洋经济、利用海洋资源、探索海洋奥秘，为扩大国际海洋合作做出贡献。

共建“合作之海”是中国特色海洋观的重要组成部分，也是实现和平之海、和谐之海的有效途径，更是顺应时代潮流，在平等互利基础上寻求和扩大各沿海国利益共同点，促进共同发展和繁荣的现实选择。

海洋不仅是人类生存和发展的基本环境和资源宝库，也是世界各国进入全球经济体系的重要桥梁。不断发展的海洋交通，为经济全球化和贸易自由化提供了有力支撑。世界海洋理事会执行主席保罗·霍尔休斯曾指出：“海洋经济等于全球经济。”现阶段，中国经济已发展成为高度依赖海洋的外向型经济，对海洋资源、空间的依赖程度大幅提高。中国外贸依存度已高达60%，贸易的持续增长推动了我国海运量的提升，对外贸易运输量90%是通过海上运输完成的。从我国经济社会长远发展看，这种高度依赖海洋的开放型经济形态将长期保持，并不断深化。

党的十八大报告首次提出建设海洋强国的宏伟目标，而海洋强国的一个显著特征即海洋经济发达。改革开放以来，人口趋海移动和沿海经济发展引发海洋经济总量逐年攀升。2013年全国海洋生产总值达到5.4313万亿元，占国内生产总值的9.5%，绝对量连续多年保持增长。但“十二五”时期以来，中国海洋经济增速明显趋缓，已由高速增长期过渡到增速“换挡期”，正处于向质量效益型转变的关键阶段。

海洋经济具有开放性、国际性、全球化的特征。发展开放型经济根本途径是开放合作、取长补短、互通有无，才能实现资源的最优配置。共建“合作之海”的战略导向无疑为新形势下中国海洋经济扩大开放程度、率先实现质量效益转型提供了千载难逢的机遇，有利于中国海洋经济真正实现“内外兼修、统筹兼顾”。

一方面，共建“合作之海”极大拓展了中国海洋经济发展的战略空间，充分利用国内外两种资源、两个市场，为海洋经济的转型升级与持续健康发展提供强有力的战略支持；另一方面，也有利于中国自身进一步加快改革进程，以陆海统筹的思维来推进互联互通建设，充分发挥沿海地区对内陆经济发展的辐射带动作用。

围绕共建“合作之海”，要进一步扩大开放的广度与深度，将引进来与走出去相结合，有选择、有目的、有针对性地从科技、产业、区域 3 个层面大力推进海洋经济转型，打造双赢、乃至多赢的海洋合作新格局。

一是加强海洋科技的国际合作。海洋经济转型离不开海洋科技的支撑和引领。当前，深水、绿色、安全的海洋高技术是海洋强国竞争的制高点。结合现实来看，我国在海洋经济的绿色发展方面的科技创新能力还严重不足。为此，要在坚持自主创新基础上，积极开展国际科技交流合作，用好国际国内科技资源。支持涉海企业参与循环经济领域的国际交流与合作，引进国外先进的循环经济技术和模式。

二是拓展海洋产业合作领域。一方面，鼓励具有国际竞争力的优势产业走出国门。我国是世界上海水养殖业发达的国家，养殖面积和产量均连续多年位居世界第一，工厂化循环水、智能化深水网箱等健康养殖模式已形成规模。今后，要把握国内外两个市场，加大产品和技术输出力度，进一步提高海水养殖业国际影响力。另一方面，加强海洋战略性新兴产业领域的合作，壮大海洋战略性新兴产业规模。积极引进丹麦、德国等国的海洋可再生能源利用技术，加快产业技术的应用和推广，培育和发展中国的海洋电力业。

三是积极引导沿海地区合作。随着经济全球化的不断推进，各国沿海地区之间在经济、政治、文化领域都有着一定的联系，相互依存和相互渗透的程度大为加深。为此，要把握共建“合作之海”的机遇，发挥区位及资源优势，与国外部分沿海地区进行产业、项目、平台对接合作，特别就贸易和投资便利化问题进行深入探讨，消除贸易壁垒，降低贸易和投资成本，提高我国沿海区域经济的循环速度和质量。

（2014 年 8 月 4 日）

我国海洋经济合作与发展迎来新机遇

刘 堃

2014年，我国海洋经济发展总体平稳，与周边海洋国家经济合作不断向更宽领域、更大规模和更高水平拓展，新领域、新形式、新契机不断涌现。

一、海上丝绸之路带来新机遇

2014年，围绕着21世纪海上丝绸之路建设，我国积极采取了一系列实质性举措。中国与东盟就打造中国-东盟自贸区升级版达成共识，并启动正式谈判。第11届中国-东盟博览会围绕海上丝绸之路建设，不断深化互联互通、产业合作、海上合作和金融合作。亚洲21国在北京签署筹建亚洲基础设施投资银行备忘录，共同决定成立亚投行。中国出资400亿美元成立丝路基金，为“一带一路”沿线国家基础设施建设、资源开发、产业合作等有关项目提供投融资支持。

“一带一路”沿线国家积极响应我国提出的共建21世纪海上丝绸之路倡议，与我国开展地区合作开发的积极性上升，基础设施互联互通加快推进，跨境经济合作势头强劲。第十七次中国-东盟（10+1）领导人会议同意将2015年确定为“中国-东盟海洋合作年”，赞赏中方提出共建21世纪海上丝绸之路的倡议，支持中方提出的使用中国-东盟海上合作基金的全面规划，为海上互联互通、海洋科技、海洋科考、海上搜救、灾害管理、航行安全等合作提供资金支持。同时，印度尼西亚、新加坡、马尔代夫、斯里兰卡、英国、希腊等国也明确表示，支持并积极参与中方提出的21世纪海上丝绸之路建设。

二、蓝色经济成为发展新前沿

2014年8月，亚太经合组织（APEC）第四届海洋部长会议在厦门召开，会议通过了《厦门宣言》和《APEC 海洋可持续发展报告》。中方以“蓝色经济”为旗帜，呼吁亚太各成员以海洋为纽带，加强务实合作，鼓励 APEC 各成员促进互联互通，重视私营部门参与蓝色经济发展与合作，设立蓝色经济示范项目，为实现本区域经济复苏与增长、可持续发展做出贡献。

APEC 各成员就蓝色经济概念达成共识，认为蓝色经济是促进海洋和海岸带资源的可持续管理与保护以及可持续发展，实现经济增长的途径与方式。这一共识上升为海洋部长会议和领导人非正式会议重要成果。

三、周边国家海洋开发战略新动向

2013 年 9 月，越南批准的《到 2020 年、面向 2030 年海洋资源可持续开发利用和海洋环境保护战略》明确提出，要把调查、可持续开发利用海洋资源、保护海洋环境、发展海洋经济同国防安全、捍卫国家海上主权和权益紧密有机地结合起来。

2014 年 10 月，印度尼西亚总统佐科在就职演讲中表示，各界要摒弃分歧，把印度尼西亚打造成海洋强国。他强调，印度尼西亚民族的未来在海洋，建设海洋强国势在必行，希望把印度尼西亚打造成海上交通枢纽，加大基础设施建设，重新吸引外国投资者。

四、区域经济一体化增添新动力

2014 年 11 月，国家主席习近平在 APEC 领导人非正式会议记者会上表示，APEC 各成员决定启动亚太自由贸易区建设进程，批准亚太经合组织推动实现亚太自由贸易区路线图。亚太自贸区对于推动区域经济发展和区域经济一体化进程的有利影响显而易见。亚太自贸区建设将为加快推进 APEC 区域经济一体化进程提供新的契机，有助于协调和统一区域内自贸协定规则和标准的制定，也将使太平洋两岸处于不同发展阶段的经济体广泛受益，为亚太经济增长和各成员发展注入新活力。

当前，我国已经形成高度依赖海洋的外向型经济形态和大进大出、两头在海的基本格局。随着经济社会的进一步发展和全面对外开放，这种经济形态和格局将长期存在并不断深化。区域合作是促进海洋经济可持续发展和实现共同发展的主要方式，已日益成为沿海国家的共识。面对新形势，我国必须及时抓住新一轮国际生产要素流动、科技加速创新、产业调整的重大机遇，加强海上合作，坚持以提高海洋经济发展质量和效益为中心，积极主动地发展与有关国家的经济伙伴关系，打造互利互补型的一体化发展模式。

（2015 年 1 月 30 日）

关于我国海洋经济发展的认识与建议

张 平 李 军

海洋经济对国家的重大意义已经毋庸置疑。放眼全球，沿海国家和地区将开发海洋、利用海洋上升为前所未有的高度。海洋作为全球21世纪资源新基地，其经济意义、现实意义和长远战略意义突出。发展海洋经济成为包括中国在内沿海经济体解决资源和环境瓶颈问题的重要途径。

笔者认为，我们应在跟踪世界主要国家海洋经济发展基础上，尝试找出未来海洋经济发展的趋势和脉络，以期从国际的、发展的视角审视我国的海洋经济发展。

一、更加重视海洋政策制定的科学性

首先，产业发展战略的制定由政府、企业、投资者、消费者共同参与，战略规划内容受到市场参与各方的检验、评估，使产业选择、市场地位、目标制定凝聚最大共识，更为科学合理。

其次，找准市场定位，不盲目求全，对自身比较优势明显、市场前景广阔、经济和就业带动能力较强的产业进行详细规划，细化发展目标并分别制订行动计划，使战略不再高高在上、虚无缥缈，具有较高的执行性预期。

其三，设定一系列指标，以此来检验海洋产业发展战略实施进度和评价海洋产业战略的发展是否符合预期目标。这些指标包括海洋产业总产值增长率、海洋产业劳动生产率、产业成本与产品质量、政府服务情况等，依据上述指标对海洋产业战略的实施情况与战略目标进行评估对比，对外发布相应的评估结果。

二、多方参与制定和实施海洋高技术产业专项规划

在政府、企业、投资者、消费者共同参与的情况下，制定包括海洋生

物制药业、海洋能源、海洋装备制造业等海洋高技术产业领域的专项规划，统筹海洋高技术产业发展。加强政府对海洋高技术产业发展规划协调和服务，根据产业发展的需求和基础，进行分类指导。沿海地区根据国家级海洋高技术产业发展专项规划，制定本地区的海洋高技术产业发展规划。

三、从全球竞争视角制定和实施海洋科技发展战略规划

根据世界海洋科技发展潮流，结合自身特色，按照国家自主创新战略的要求，把增强海洋高技术自主创新能力作为调整产业结构、转变增长方式的中心环节，以创新带动海洋高技术产业基地跨越式发展。促进海洋高新技术研发与成果转化紧密结合，突破一批具有重大支撑和引领作用的前沿技术，加快实现产业化，形成具有自主核心技术的特色产业和产品，抢占国际竞争的制高点，不断培育、带动新的海洋高技术产业的规模化，形成可持续发展的海洋高技术产业体系。

四、多管齐下加大对海洋新兴产业的资金投入

针对不同产业门类、发展状况、战略地位，有选择地使用财政税收、投融资政策，帮助海洋企业发展壮大。国家在科技专项中增加对海洋领域的投入，并鼓励各级地方政府设立“海洋新兴产业专项资金”，通过政府投资引导支持市场资金向海洋产业集中，促进龙头企业加速成长。对关系国计民生、国家战略、经济安全以及节能减排的海水淡化、海上风电等高技术产业实行税收优惠、财政补贴；对那些市场潜力大、经济带动强的海水健康养殖和海洋监测仪器设备等产业实施优惠贷款，同时鼓励和引导各级政府、企业加大投入力度，实现政府资金和市场资金的互补。此外还可设立“海洋新兴产业创业风险投资基金”，引导基金对中小企业重点扶持，鼓励和引导企业自主创新、做大做强。

五、加强海洋科技和海洋管理人才队伍建设

加强海洋人才和团队培养，加速海洋科技成果转化和产业化人才队伍建设。采用多种方式，支持企业培养和吸引创新人才。营造宽松环境，鼓

励人才流动。鼓励科技人才采取技术入股等方式与企业进行长期合作。建立有利于激励海洋科技成果转化及产业化的人才评价体系。采取特殊政策加速培养多层次海洋高技术人才，缓解当前海洋技术人才短缺的突出矛盾。加大引进海洋技术人才的规模和范围。同时，进一步增强全民的海洋意识，强化海洋文化建设，营建有利于海洋人才成长的社会环境。

六、积极参与海洋经济领域国际合作

立足中国海洋经济发展需要和亟待突破的关键点，广泛参与国际合作，包括海洋经济科学研究、海洋经济政策制定、海洋科技交流、海洋资源开发与保护。

海洋经济领域是一个新的交叉学科领域，需要世界各国相关专家广泛参与，特别是互相借鉴，以解决人类社会不断向海洋进发过程中的发展问题。目前这些合作还很不充分，互相学习和交流显得非常迫切。

中国海洋产业正处于从资源主导向资本、技术主导的过渡转型阶段。而现实是，经过多年发展，中国海洋科技水平在某些领域取得突破，但整体水平还相对落后。通过合作弥补差距是快速赶超的必由之路。

世界各国日益重视海洋资源开发与保护问题。中国海洋经济在快速发展阶段已经出现了环境资源超载情况。在此背景下更应未雨绸缪，积极参与全球相关领域合作，开展保护海洋资源和环境、完善海洋资源和环境保护规章制度的相关工作，参与全球性和区域性海洋资源开发和保护的国际合作，开展海洋生态环境保护领域的国际合作，以及国际海底区域资源勘探开发与环境保护的国际合作。

围绕海洋经济发展的需要，加快实施“走出去”步伐，鼓励和支持有条件的海洋新兴产业企业以独资或合资的形式在国外建立生产基地、营销中心、研发机构和经贸合作区，开展境外海洋资源合作开发、国际劳务合作、国际工程承包，发展海洋高技术服务业外包等，利用世界资源为我所用。为鼓励和引导“走出去”开发利用世界海洋资源，建议设立部委间协调机制，统一规划管理，简化审批。对于开发利用世界海洋资源的项目，在出口信贷计划中予以扶持，增加出口信贷额度，放宽信贷条件。对在国外开发海洋资源所取得的份额产品，在进口配额、进口许可方面给予特殊安排，并实行优惠的关税政策。

除了广泛参与国际性的上述合作，还应充分重视区域海洋合作的独特作用。中国与周边国家在海洋资源开发利用等方面竞争与合作并存，如何减少之间不必要的摩擦、实现合作共赢是摆在各方面前的重大课题。毫无疑问，开展区域性的海洋经济合作可以充分发挥各国比较优势，取得互信，增进地区整体发展水平与潜力。

（2015年2月2日）

我国海洋产业绿色转型的政策建议

刘容子

2008年以来，为了应对全球气候变化、能源资源短缺和世界性的金融危机，绿色发展的理念从生态经济学的学科中分化出来，并在发展中逐渐丰富和完善，成为世界经济体制结构重组和全球资源和环境治理的重要手段。海洋是实现由“褐色经济”向“绿色经济”转型的重要领域。科学开发利用海洋资源，实现海洋产业绿色发展，是解决人口增长、资源短缺和环境恶化等问题的必然选择。

一、推动海洋产业绿色转型势在必行

“海洋产业绿色转型”是绿色发展理念在海洋经济领域的延伸和具体化，其内涵可以表述为：在促进海洋经济持续较快增长、创造更多福利和就业机会以及提供更多、更好的产品和服务，满足人们日益增长的用海需求的同时，通过绿色化的工艺系统和生产过程、生产绿色低碳产品、发展绿色新兴海洋产业，控制或降低能源资源消耗规模和增长速度，削减主要入海污染物排放量，维护海洋生态系统健康，协调海洋经济发展与资源环境供给有限性之间的矛盾。

近几年，国际上与绿色经济相关的报告与规划，其焦点纷纷投向海洋领域，特别关注海洋产业绿色发展问题。海洋产业绿色转型理念发端于第三次绿色浪潮，代表性观点见于2012年1月25日由联合国环境规划署、开发计划署等机构联合发布的《蓝色世界里的绿色经济》报告。报告通过对渔业和水产养殖业、海洋交通运输业、海洋可再生能源业、滨海旅游业、深海矿业等以海洋为基础的经济活动为实例的分析，阐述并提出了一系列发挥其经济和环境潜能的建议。包括，海洋产业发展面临严峻的资源环境形势，海洋产业绿色转型需要跨区域、多部门协作，海洋产业绿色转型需要建立基于生态系统的管理模式。

在我国，种种迹象表明，长期积累的资源环境与海洋经济发展之间的矛盾已经凸显，粗放型海洋经济增长方式和发展模式已不可持续。因此，积极推动海洋产业绿色转型势在必行。当前，我国处于建设海洋强国的重要时期，绿色发展理念逐渐得到政府重视，海洋已成为经济发展方式转变的重要领域。这些，都成为我国海洋产业绿色转型面临的一系列重大机遇。

今后一段时期，是我国大力推进海洋生态文明建设、转变海洋经济发展方式、促进绿色低碳海洋产业发展的重要“战略机遇期”。要把握历史机遇，进一步创新海洋产业绿色转型机制，完善政策导向体系。

二、建议国家有关部门启动编制“绿色经济发展国家行动计划”大纲，并将“海洋经济绿色发展”独立成篇

加强绿色经济顶层设计，尽快编制“绿色经济发展国家行动计划”大纲。明确我国绿色经济发展的指导思想、目标要求、时间期限、政策导向、重点任务及保障措施等，将适应绿色经济发展要求融入经济社会发展各方面和全过程，加强构建中国特色的绿色低碳发展模式。把积极发展绿色经济作为国家重大战略。统筹海洋与陆域，统筹国内、国际两个大局，统筹当前利益和长远发展，明确绿色经济在经济社会发展中的定位、政策框架和制度安排，努力形成全社会积极推动向绿色经济过渡的整体合力，促进发展方式转变和经济结构调整，推动经济社会可持续发展。

海洋在“绿色经济发展国家行动计划”大纲中具有举足轻重的地位，不仅要单独成篇，更要明确海洋经济向绿色转型是建设海洋强国和海洋生态文明建设的中心工作。要在大纲中明确提出：科学开发利用海洋资源，积极发展循环经济，大力推进海洋产业节能减排，加强陆源污染防治，有效保护海洋生态环境，切实增强防灾减灾能力，推进海洋经济绿色发展。

三、建议在国家自然资源资产核算体系中尽早部署海洋资源资产核算试点工作

党的十八届三中全会《关于全面深化改革若干重大问题的决定》提出了“健全国家自然资源资产管理体制……探索编制自然资源资产负债表

……加快自然资源及其产品价格改革，全面反映市场供求、资源稀缺程度、生态环境损害成本和修复效益。坚持使用资源付费和谁污染环境、谁破坏生态谁付费原则，逐步将资源税扩展到占用各种自然生态空间”。目前，有关部门已在全国多个地区试点开展了“编制自然资源资产负债表”工作，海洋资源资产核算是探索内容之一。

建议尽早部署安排“我国海洋资源资产负债表编制试点”工作，作为推进海洋经济绿色转型进程的综合性、基础性工作。绿色海洋经济核算是海洋经济核算体系的重要组成部分，是对我国现行海洋经济核算体系——海洋经济生产总值（GOP）核算——的补充与完善。海洋经济核算体系的基本框架由三部分构成，即海洋经济主体核算、海洋经济基本核算和海洋经济附属核算。我国现行海洋经济核算工作主要是主体核算部分，即海洋经济生产总值（GOP）核算，主要是对海洋经济活动的总量进行全面核算。绿色海洋经济核算是在主体核算与附属核算的基础上，从海洋生产总量中扣除海洋资源环境损耗，是我国海洋经济核算体系研究工作的进一步深入，是对我国海洋经济核算工作的发展与开拓。

四、建议研究构建海洋产业绿色转型的补偿机制

海洋产业绿色转型既是资源配置方式的大变革，也是利益关系的大调整。转型较大程度影响着沿海地区经济社会发展，需要大量的资金、劳动力等要素的投入，亟须政府给予一定的补偿和支持。

一是建立区域产业转型补偿机制。在绿色转型的背景下，部分以海洋盐业、海洋化工业为支柱产业的沿海地区，由于日益严格的环境标准和逐年加大的减排要求，转产转业和交通、医疗、教育等民生问题突出，需要国家加大对这些地区的投资和财政转移支付力度。此外，建议国家对于承载重要生态功能的禁止开发或限制开发区域的海洋产业绿色转型也要加大倾斜和补偿力度，明确补偿对象、原则和标准，根据补偿对象、补偿内容的不同，采取不同的补偿方式。

二是创新财政投入手段。根据各类财政政策的性质和特点，结合海洋产业绿色发展不同领域的实际需要，综合运用财政预算投入，设立基金、补贴、奖励、贴息、担保等多种形式，最大限度发挥财政投入效益；大力推行以奖代补、先建后补的政策，保证节能减排专项资金、海洋可再生能

源专项资金等投入具体产业关键领域和关键环节。

五、建议研究建立并实施海洋经济绿色发展政策综合评估机制与考评制度

海洋产业绿色转型过程中要高度重视政策实施绩效，确保政府颁布实施一揽子的规划和各项政策落地有效，建议建立自上而下的海洋经济绿色发展政策综合评估机制和绩效考评制度。

第一，建立海洋经济绿色发展的目标责任制和绩效考核制度。根据各沿海省份自然资源、区位优势及海洋主导产业的不同，明确各省海洋经济发展责任，建立与之对应的绩效考核制度，将绿色经济发展的目标分解到各实施主体，对绿色发展政策的中期和终期执行情况对照目标进行评估、考核。

第二，研究建立海洋经济绿色发展政策综合评估的指标体系。研究设计符合我国国情、海情，易于操作的海洋经济绿色发展政策综合评估指标体系。指标体系设置不仅要考虑单一政策的环境影响，也需考虑单一政策对其他领域的关联效应，以及不同政策组合的协同效应。同时，出台规范化的评估程序和技术导则，指导评估工作顺利开展。

第三，建立政策综合评估的结果公示制度。通过网络、报纸等媒体，定期公布海洋经济绿色发展政策执行情况。每五年出版全国海洋经济绿色发展政策绩效综合评估报告。同时，设立专门的规章制度，有效保障公民特别是沿海居民对海洋经济绿色发展成效的监督和质询权力。

（2015 年 2 月 9 日）

海洋科技创新是海洋经济转型升级核心动力

——我国海洋科技发展回顾与展望

刘　明

海洋科技能力是在现有海洋科研资源基础上，通过海洋科研活动过程，取得海洋科研产出，提升社会、经济、科技全面发展的综合能力。海洋科技资源与海洋科技活动共同形成全面影响社会的综合能力，包括海洋科研人员数量与结构、海洋科研经费投入与产出效率等。

中国国家层面的海洋科技专项包括国家社会科学基金、国家自然科学基金、“973”计划、海洋公益性行业科研专项等。海洋科技专项的实施为中国的海洋科技发展壮大提供了强度大、渠道畅通、领域覆盖面宽的稳定支持，为推动海洋科技创新、成果转化及产业化发展创造了机遇。

2008—2014年，国家社科基金涉海项目立项共计120项。2014年，国家自然科学基金共批准海洋科学项目407项，资助金额24 544万元。与2005年相比，项目数量增加170项，资助金额增加16 537万元。到2013年年底，海洋公益性行业科研专项立项总数247项，投入总经费27.56亿元。

一、海洋调查观测能力显著增强

海洋调查观测能力集中体现一国海洋科技发展整体水平。我国的海洋调查借助于海洋考察船及船载设备、各类浮潜标、海洋台站以及卫星、航空遥感构成的空、天、海一体化立体自动观测与监测系统，调查范围已从海岸带、近海拓展到三大洋和两极海域。

我国Argo（全球海洋观测网）计划自2002年年初组织实施以来，截至2014年10月已经在西北太平洋和印度洋海域上的Argo剖面浮标总数达到196个，正式建成我国首个Argo实时海洋观测网，填补了我国在这一领域的空白，并达到了同类成果的国际先进水平。

我国已初步建立国家与地方相结合的海洋环境监测与评价业务体系。目前全国已建有海洋环境监测机构230多个，沿海11个省（区、市）、5个计划单列市、44个地级市均建立了海洋环境监测机构。海洋环境监测范围已覆盖了全部管辖海域。

我国已成功进行了31次南极科学考察，6次北极科学考察。目前已形成了以“雪龙”号科考船、南极长城站、中山站、昆仑站、泰山站、北极黄河站和极地考察国内基地为主体“一船、五站、一基地”的南北极考察战略格局和基础平台。

二、部分关键技术领域取得重大突破

近年来，我国在深海装备制造、潜水器技术、海洋油气及矿产勘探开发技术、海水淡化技术以及海洋可再生能源等关键技术领域取得重大突破。

海洋油气平台的设计和制造能力是沿海国家科技水平和工业化水平的重要标志。近年来，我国在钻井平台等海工装备的研究制造方面取得了大批重大自主创新成果，部分产品实现了历史性突破，获得国际同行业认可。目前，我国已形成一支拥有20多艘船规模的“深水舰队”，具备从物探到环保、从南海到极地的全方位作业能力。

潜水器技术是沿海国家科技水平和综合国力的标志。2014—2015年“蛟龙”号载人潜水器试验性应用航次圆满成功充分验证了“蛟龙”号所具备的深海作业能力和优势。2014年我国自主研制的6000米无缆水下机器人“潜龙一号”成功下潜到5200多米深的海底。

我国已全面掌握反渗透和低温多效海水淡化技术，反渗透实现了产业化，成为世界上少数几个掌握海水淡化先进技术的国家之一。2014年，在浙江六横岛建设的国内最大容量反渗透海水淡化日产1.25万吨单机集成技术及日产10万吨总成技术通过专家组验收，标志着我国国内最大容量反渗透海水单机机组成功运作。

2014年，我国实现了覆盖全球海域风能资源的等级区划，实现了全球海域的风能资源系统性评估。自行研制的“10千瓦级组合型振荡浮子波能发电装置”成功投入试运行，“200千瓦潮流能发电项目”的成功实施将为国家大规模开发潮流能提供重要的参考依据。

三、“科技兴海”成效显著

近年来我国不仅在核心海洋技术领域取得重大突破，海洋科技在提升海洋产业综合竞争力、推进海洋经济发展方式转变等方面取得了重要进展。

四、海洋科技仍面临诸多挑战

尽管我国海洋科技已在深水、绿色、安全的海洋高技术领域取得重大突破，但部分重点领域仍进展缓慢，如海洋观测设备仪器制造技术的自主创新、海洋生物资源开发技术以及海洋能源的开采技术等。同时也应看到，我国的海洋科技与国外先进水平相比落后10年左右，差距主要体现在关键技术的现代化水平和产业化程度上，尤其是海洋仪器、深海资源勘探和环境观测技术装备等。

当前全球海洋科技正呈现出绿色化、集成化、智能化、深远化的发展趋势。美国等发达国家海洋科技实力不断提高，一个重要的原因是在海洋科学和高技术领域不断投入和创新，强化海洋科技的支撑作用，及时制定和实施海洋科技发展战略规划。

笔者建议，提高我国海洋科技创新能力和产业化水平，当前需要采取以下措施：

编制实施海洋生物业、海洋能源和矿产业、海水综合利用业、海洋工程装备制造业等海洋高技术产业的新一轮发展专项规划。海洋生物产业重点推进健康养殖，加快开发极地渔业资源，开发高附加值海洋生物制品。

海洋能源和矿产业重点推进海上边际油田开发，建立深水勘探开发体系，组建深海作业船队及补给基地，开展可燃冰的勘探和试采，大力开发大洋固体矿产，推动海洋可再生能源综合开发利用。

海水综合利用业重点推进开发自主大型海水利用的成套技术和设备，建立国家级海水装备制造基地，实施自主大型海水淡化与综合利用示范工程。

以海洋国家实验室为中心，完善国家海洋科技创新体系。积极支持涉海企业组建产业联盟，推动我国海洋科技领域的产学研用密切合作。

加强海洋标准体系建设。加强国际间海洋科技合作，对重点项目和重大工程进行国际联合攻关。推动国际海洋科技机构在我国设立合资、合作研发机构。加大对海洋科技创新的政府财税和金融支持。

（2015 年 6 月 30 日）

我国海洋产业发展方兴未艾

刘 堃

2014年，在宏观经济下行压力加大的严峻形势下，全国海洋生产总值达到59 936亿元，比上年增长7.7%，占国内生产总值的9.4%。其中，海洋产业作为实现海洋经济向质量效益型转变的基本载体，总体上保持稳步增长态势，实现增加值35 611亿元，比上年增长约8.1%。我国现代海洋产业体系的基本特征已初步显现。

海洋产业体系框架基本完备。最初纳入统计的海洋产业只有6类，到20世纪90年代达到7类，再到如今主要海洋产业共12类，海洋产业体系框架基本完善。随着海洋科技创新发展与市场需求牵引，未来一些战略性海洋新兴产业规模体量也会不断增大，可能单独纳入海洋经济的统计范畴，成为引领海洋经济发展新的增长点。比如海洋生物育种与健康养殖、深海矿产资源开发、大洋生物基因资源开发等。

海洋产业结构不断优化。按照产业发展时序与技术进步程度，海洋产业可以划分为海洋传统产业、海洋新兴产业和未来海洋产业三大类。2014年，海洋传统产业稳中有降，海洋新兴产业迅猛发展，未来海洋产业有序储备。

传统产业仍面临较大的下行压力，海洋渔业、海洋交通运输业、海洋船舶工业保持小幅增长态势，海洋油气业、海洋盐业增加值都呈现不同程度的下降。具体来讲，海洋渔业整体保持平稳增长态势，全年实现增加值4293亿元，比上年增长6.4%。海水养殖单位面积产出效益有所增加。2014年单位海水养殖面积实现增加值近每公顷70万元，较2013年增长9%。远洋渔业成为海洋渔业增长的最大亮点。2014年产量达到203万吨，达到历史最高水平，同比增长近50%。

2014年，我国沿海规模以上港口生产总体保持平稳增长，但航运市场延续低迷态势，海洋交通运输业运行稳中偏缓。全年实现增加值5562亿元，比上年增长6.9%。据统计，目前全国有240多家海洋交通运输企业，海运船队总运力规模达1.42亿载重吨，占世界海运总运力的份额约为8%，位列全球第四。但是，与发达国家相比，我国海洋交通运输业大而不强，还不能完全适应经济社会发展和海洋强国建设的需要。

在《船舶工业加快结构调整促进转型升级实施方案（2013—2015年）》等一系列政策文件推动下，海洋船舶工业加快调整转型步伐，发展呈现上扬态势。全年实现增加值1387亿元，比上年增长7.6%，但受全球经济增长趋缓，航运市场低位徘徊的影响，船舶市场依然严峻。

海洋油气产量保持增长，但受国际原油价格持续下跌影响，增加值减少。全年实现增加值1530亿元，比上年下降5.9%。随着国家海洋油气勘探开发战略的推进，以及一批先进钻井平台装备陆续投入使用，深海油气勘探开发面临重要的发展机遇。

长期以来，我国海洋盐业存在产品结构比较单一、资源利用水平低、生产粗放等问题。特别是近年来，随着城市化、工业化进程加快，海盐生产面临的外部环境压力越来越大，浅层地下卤水过度开采，盐田面积逐步减少，海盐产量也呈现下降态势。2014年，海洋盐业呈现负增长，全年实现增加值63亿元，比上年减少0.4%。

目前，中国、新加坡、韩国正逐渐形成世界海洋工程装备制造三足鼎立之势。2014年，我国海工市场保持稳定增长态势，以139亿美元的订单总额位居世界海工装备制造榜首，市场份额由2013年的24%上升到了2014年的41%，首次超过韩国拔得头筹。

作为战略性新兴产业的重要组成部分，海洋医药和生物制品业发展迅速，已成功开发了一批农用海洋生物制品、海洋生物材料、海洋化妆品及海洋功能食品、保健品等。全年实现增加值258亿元，比上年增长12.1%。

海水利用业取得较快发展，产业技术应用和推广不断加快，产业化水平进一步提高。全年实现增加值14亿元，比上年增长12.2%。作为海水利用业的重要组成部分，近年来海水淡化产业得到了健康快速的发展，截至2014年年底，已建成海水淡化工程111个，日产淡化水总规模达到92.48万吨，比2013年增长8.25%。

据《中国海洋可再生能源发展年度报告（2013年）》显示，我国海洋能总体发展形势良好。其中，低水头、大容量、环境友好型技术已成为未来潮汐能技术发展方向；波浪能技术日趋多样化，部分技术已具备产品化能力；潮流能逐步向大型化发展，单机功率进一步扩大；温差能技术得到重视，盐差能技术启动研究。2014 年，海洋可再生能源业继续保持良好发展势头，全年实现增加值 99 亿元，比上年增长 8.5%。

海水灌溉农业、深海矿产资源勘探开发等领域的高新技术实现突破，为未来海洋产业发展奠定了良好的技术基础。2014 年 4 月，中国大洋矿产资源研究开发协会与国际海底管理局签订了国际海底富钴结壳矿区勘探合同，意味着我国成为世界上首个对 3 种主要国际海底矿产资源均拥有专属勘探矿区的国家。

以海洋生物育种与健康养殖业、海洋药物和生物制品业、海水利用业、海洋可再生能源业为代表的海洋战略性新兴产业增长势头强劲。

海洋科技成果产业化水平大幅提升。随着科技兴海战略的深入实施，海洋科技创新步伐加快，对海洋产业发展的贡献率显著加大。海洋传统产业加快绿色转型，现代渔业、精细化工实现突破发展，海洋船舶工业造船效率持续提高，平均油耗和船舶能效设计指数有所下降。海洋能源利用技术、海水资源综合利用技术、海洋生物资源开发技术等高新技术产业化成效显著，培育和发展海洋战略性新兴产业的基础进一步夯实。

把握新常态，迎接新挑战。海洋产业取得长足发展的同时，我们也必须清楚地看到，除了长期积累的资源环境与海洋经济发展之间的矛盾问题，多年来以投资及要素驱动为主的发展模式引发的一系列结构性问题也日益引起人们的关注，如，部分海洋产业如船舶工业、港口运输产能过剩现象较为严重；区域海洋产业低质、同构、趋同现象严重，未能发挥应有的集聚和规模效应，造成大量岸线、滩涂等资源的低效利用。

当前和今后一段时期，为主动适应“增速放缓、转型换挡、结构优化、全面提质”的海洋经济发展新常态，要以推动海洋经济向质量效益型转变为核心目标，把转方式、调结构放在更加突出的位置，积极促进发展动力由要素驱动、投资驱动向创新驱动转变。围绕着海洋经济的提质增效，着力打造创新、高效、包容的现代海洋产业体系。其中，创新是指以海洋科技创新为核心动力，实现海洋资源开发与保护能力的不断提高；高效是指以较小的环境代价与较低的资源消耗，实现海洋经济可持续发展；包容是指在促进海洋经济持续较快增长的同时，会创造更多的福利、就业和国际合作机会。

针对海洋渔业、海洋船舶工业等资源和劳动密集型产业，要加快绿色转型步伐，积极推动产业结构的优化升级和科技成果转化，鼓励生产要素的重组与流动，提高经济、社会与生态效益。

针对具有物质资源消耗低、成长潜力大、综合效益好等特征的海洋战略性新兴产业，要加大政策引导与扶持力度，继续推动海洋经济创新发展区域示范等系列工作，利用好国家新兴产业创业投资引导基金、开发性金融等多种渠道，大幅提高产业自主创新能力，努力掌握关键核心技术，尽快形成一批具有国际竞争力的海洋战略性新兴产业。

（2015 年 7 月 15 日）

推进海洋生态环境 治理体系现代化

郑苗壮 刘 岩

根据党的十八届三中全会《中共中央关于全面深化改革若干重大问题的决定》和四中全会《中共中央关于全面推进依法治国若干重大问题的决定》，推进国家治理体系和治理能力现代化作为全面深化改革的总目标，不仅是我们建设社会主义现代化的必然要求，也是治国理念的重大创新。国家治理体系和治理能力现代化，就是使国家治理体系制度化、科学化、规范化和程序化，使国家治理主体善于运用法治思维和法律制度治理国家，把中国特色社会主义各方面的优势转化为治理国家效能。这要求在推进国家海洋生态环境治理现代化时，要紧紧围绕建设美丽海洋、深化海洋生态文明体制改革，及时更新治理理念、深入改革治理体制、丰富完善治理体系、努力提高治理能力。

一、海洋生态环境治理体系的主要特征

该体系是国家治理体系在海洋生态保护领域的重要体现，涉及经济、政治、社会等领域，与国家治理体系的其他方面相互交叉、紧密相连。

治理作为公共行政的积极符号，世界上许多国家和地区开始尝试重新配置公共权力，试图通过向社会组织、私营部门等开放权力的方式来提高国家管理的弹性与韧性。联合国全球治理委员会认为，“治理是各种公共和私人的机构管理共同事务的诸多方式的总和，是使相互冲突的或不同的利益得以调和并且采取联合行动的过程”。英国、美国、瑞士等西方学者从不同角度进行解构，没有形成一个普遍通行的概念，但并不影响它的特点得到世界各国的普遍认同。

海洋生态环境治理体系是国家治理体系在海洋生态保护领域的重要体现。与传统的以政府行政管理为主的海洋生态管理体系相比，现代海洋生态环境治理体系具有以下基本内涵特征：治理不同于管理，后者以行政命

令为主；前者强调正确处理政府与市场、政府与社会的关系，使其在法治基础上良性互动。治理相对于管理的区别，首先表现在主体上，后者仅仅是指政府单一中心，管理停留在政府如何控制的单向上；前者的主体是多中心的、多元化，除政府外，还包括公共机构、私人部门和个人，多样化的行为主体或角色进入决策过程。在权利的运行方向上，后者的权力运行是自上而下的，运行依靠的是政府命令或政治权威；前者是平行的、互动的，不仅要依靠政府命令或运用其权威，还要依靠非政府组织的网络化合作、协调来实施对公共事务的管理。在价值取向上，后者强调管理秩序的稳定，前者强调公正价值的优先地位和对秩序与效率的根源塑造，并将人民福祉作为治理的出发点和落脚点。

建立健全海洋生态环境治理体系涉及经济、政治、社会等领域，与国家治理体系的其他方面相互交叉、紧密相连。健全海洋生态环境治理体系，要健全海洋资源资产产权制度，充分发挥市场在海洋资源配置上的作用，建立海洋资源资产管理体制，这与经济体制改革互为交叉。健全海洋生态环境法律制度体系，改变分行业、分部门的多头海洋行政管理局面，构建并实施基于生态系统的海洋综合管理，又要依托于整体的法制和行政体制改革。弘扬海洋生态文明的主流价值观，把海洋生态文明纳入社会主义核心价值观体系，发挥社会组织和公众参与的监督作用，这又与社会体制改革的目标相一致。

二、现代海洋生态环境的多中心治理

治理主体多中心是一种直接对立于一元或单中心权威秩序的思维，意味着政府为了有效进行公共事务管理和提供公共服务，形成多样化的公共事务管理制度或组织模式。

“多中心性”概念最早起源于经济学理论。为寻找否定计划经济、倡导自由经济而寻找武器，英国学者迈克尔·波兰尼在《利润与多中心性》和《管理社会事务的可能性》两篇论文中阐述了“多中心性”的概念。文森特·奥斯特罗姆和埃莉诺·奥斯特罗姆强调在公共资源配置中自主治理至上，提出处理公共事务的“典则”，将“多中心”从经济领域引入公共领域，为公共行政寻求面向高绩效的公共服务拓展了思路。治理主体多中心是一种直接对立于一元或单中心权威秩序的思维，意味着政府为了有效进行公共事务管理和提供公共服务，由社会中多元的独立行为主体，包括政府组织、企业、公众和媒体，基于一定的集体行动规则，通过相互博弈、协调、合作等互动，形成多样化的公共事务管理制度或组织模式。多中心治理是一种民主合作管理，多中心下的治理主体按照“公共性”规范与价值自觉重构的行为主体，以期克服角色的“距离悖论”而达到“无缝合作”的治理状态。

在多中心治理的现代海洋生态环境治理体系中，要求不断完善制度，理顺体制和机制，用制度保护海洋生态环境，形成政府、企业和社会公众多中心主体共同参与决策和实施的制度安排。在政府主导制定和实施海洋生态环境重大决策过程中，企业和社会群体能通过多渠道参与决策制定的全过程。政府作为多中心治理中的引导性主体，以实行人民福祉为宗旨并承担海洋公共服务责任，需要协调当前分散在多个部门的海洋生态环境部门的职责，并就海洋生态环境相关的供给、支持、服务和调节海洋公共物品等管理职能形成相互协调、统一有效的体制框架；加快建立海洋生态环境损害责任终身追究制，以及中央对地方政府海洋生态环境管理的监督机制，加强地方政府落实和有效实施海洋生态环境保护法律法规，增强海洋生态环境治理的系统性、完整性和有效性。企业作为海洋生态环境治理的重要参与方，需要依照国家相关法律规定和标准开展海洋活动，切实履行企业社会责任，提供环境友好型公共产品和服务。公众和媒体是海洋生态环境治理体系中间层结构，作为一个独立的决策主体，是公共服务问题合作治理的补充，既要积极倡导绿色生活方式，又要他们参与海洋生态环境的公共事务。

三、海洋生态环境治理体系改革的优先领域

海洋生态环境治理体系改革的优先领域主要包括：法制改革，体制改革，重大制度建设，企业和社会参与。

海洋生态环境治理体系是一个复杂的系统工程。目前来看，海洋生态环境治理体系改革应主要围绕海洋生态文明建设展开，加快我国经济社会发展全方位向绿色转型，走一条低投入、低消耗、少排放、高循环、可持续的新型工业化道路，形成节约资源、保护环境的空间格局、产业结构、生产方式和生活方式，其实质是要“建设以资源环境承载力为基础、以自

然规律为准则、以可持续发展为目标的资源节约型、环境友好型社会”。海洋生态文明建设是国家治理现代化的本质要求、理性选择和应有之义。

在法制改革方面，要加快《中华人民共和国海洋环境保护法》和《中华人民共和国海域使用管理法》的修订进程和力度，以及《中华人民共和国海洋基本法》的立法进程。特别是为与我国的环境保护法相协调，我国的海洋环境保护法要大幅度修订。

在体制改革方面，要健全海洋资源资产产权制度，加强对滩涂、海域等海洋资源的确权登记，建立归属清晰、权责明确、保护严格、流转顺畅的现代海洋资源资产产权制度。推动海洋环境监测体制改革，建立部际间和区域间信息共享平台，划清部门间，以及中央和地方在生态环境监测方面的事权和财权，理顺各方关系。

在重大制度建设方面，进一步落实污染物排海总量控制制度和海域用途管制制度，完善海洋主体功能区规划制度、海洋生态保护红线制度和海洋保护区网络制度，并以此为海洋生态环境治理的切入点。

在企业和社会参与方面，落实企业的环境责任和信息披露制度，建立健全绿色准入制度和海洋环境责任保险制度，积极探索公私合营模式（PPP）和海洋污染第三方治理；鼓励和正确引导公众、媒体和社会组织的监督作用，建立参与海洋生态环境治理的各项机制，保持协调和利益诉求等渠道畅通。

（2015 年 8 月 31 日）

积聚创新要素　驱动海洋经济绿色发展

刘　堃

《中共中央关于制定国民经济和社会发展第十三个五年规划的建议》明确提出，实现“十三五”时期发展目标，必须牢固树立创新、协调、绿色、开放、共享的发展理念。其中，创新是引领发展的第一动力，绿色是永续发展的必要条件和人民对美好生活追求的重要体现。这些理念也为海洋经济未来5年乃至更长一段时期的发展指明了方向。

“十二五”以来，我国经济发展进入新常态，海洋经济发展也由高速转向中高速。2014年全国海洋生产总值59 936亿元，仅比上年增长7.7%，略高于同期国民经济7.4%的增速。作为国民经济增长的新动力，海洋经济加快提质增效的形势在“十三五”阶段将更加紧迫。

海洋经济绿色发展是绿色理念在海洋经济领域的延伸和具体化，是海洋经济发展模式或运行状态由粗放、低质、低效向绿色低碳、资源节约、环境友好转变的过程，其本质特征是整个转型过程强调充分考虑海洋自然资源和生态环境容量的承载力，重视发展的可持续性。可以说，绿色发展是当前和未来一段时期，实现海洋经济向质量效益型转变的实践途径与必然选择。

结合实际来看，推动我国海洋经济绿色发展的关键在于能否实现增长动力的“去旧换新”，即实现增长动力的转化。创新驱动发展战略是落实创新理念的具体行动，是将传统的以资源和要素驱动的发展方式，转向以创新驱动和发展质量为中心，依靠科学技术和人力资本及管理创新的发展模式，形成以创新为主要引领和支撑的经济体系。创新驱动发展战略的实施为我国海洋经济绿色发展提供了重要契机与坚实支撑。海洋经济以开发、利用各类海洋资源的各类产业活动为主体。在推动海洋领域大力实施创新驱动的发展方式中，海洋资源、资本、劳动力等传统要素仍然发挥着不可替代的作用，但创新上升到了第一位。现实中，海洋油气、矿产、港口等资源会随着开发利用不断减少，而以海洋技术、涉海人才和企业家为代表的创新要素比重会不断提升。实施创新驱动发展战略，可以提高传统生产要素的效率，培育创造更多新的生产要素，引导创新要素和传统要素形成新组合，为海洋经济实现绿色发展提供源源不断的内生动力。

新形势下，加快实施创新驱动发展战略，推动海洋经济绿色发展，一方面要提升我国科技兴海的能力，让市场成为优化配置创新资源的主要手段。促进涉海企业真正成为技术创新决策、研发投入、科研组织和成果转化的主体，培育一批有国际竞争力的创新型涉海企业。切实履行政府制定提供公共服务和营造政策环境的重要职责，着力打通海洋科技成果向现实生产力转化的通道，将创新成果变成实实在在的产业活动，在海洋领域开创大众创业、万众创新的新局面。

另一方面，把创新落实到形成更具竞争力的产业优势上。加快绿色转型海洋渔业、海洋船舶工业、海洋盐业等传统产业，深入推进信息化与各产业的协同和融合。加快培育海洋生物医药、海水淡化、海洋可再生能源等战略性新兴产业，大力发展生产性服务业和现代服务业，构建起结构合理、开放兼容、自主可控、具有国际竞争力的现代海洋产业体系。

（2015 年 11 月 25 日）

统筹管理 合理规划 促进海洋新能源健康发展

张 平 刘容子 于华明

海洋新能源属于可再生能源，其开发利用对应对能源瓶颈、环境污染、海岛用电、海洋权益维护和国防安全等问题均有重要意义。目前，海洋新能源在我国能源消费中的比重很低，尚未形成产业规模，而我国近海海洋能理论装机容量超过18亿千瓦，这一数字甚至超过了目前的电力需求总和。由此可见，开发利用海洋新能源大有可为。

一、我国海洋新能源开发制度尚未建立健全

海洋新能源未纳入可再生能源发展体系。2005年以来，我国陆续发布了一系列政策性文件，明确了新能源在国民经济中的重要作用和先导地位，逐步完善了可再生能源发展的政策支持和保障体系，对新能源开发利用及其产业化推进提出了发展目标和任务要求。但是，关于海洋新能源的法规、政策、规划，零星散见于“新能源”这个大盘子中，没有形成体系，现行相关政策不能适应和指导我国海洋新能源的综合性快速发展需要。例如，《可再生能源发电价格和费用分摊管理试行办法》《电网企业全额收购可再生能源电量监管办法》等文件明确了对陆上风电、小水电和太阳能发电上网的优惠政策，但对海洋可再生能源产业没有明确的规定。海洋新能源种类多样，区别于其他可再生能源，具有海洋特殊性，其发展需要出台体系完善的政策予以保障。

海洋新能源发展处于多头管理状态。中国海洋新能源的开发涉及部门多，包括能源主管部门（国家能源局）、电网企业、电力企业、技术管理部门、海域使用主管部门和海洋环境保护主管部门（国家海洋局）、海事主管部门（交通部）等。海洋新能源一站式统筹管理体系尚未建立，电力企业面临多头管理状态，开发审批程序烦琐不明确等问题，阻碍了海洋新

能源产业的快速健康发展。

海洋能资源评估工作缺失。海洋能资源评估是合理制定我国海洋能规划的基础，也是开展海洋能管理的科学依据。为减少产业发展的总体成本，有必要开展系统的专项行动，集中各方力量，系统、长期地进行实地调查、观测测量以及综合评估等，以获得科学结论，从而支持企业开展相应的技术研发和产业化发展。海洋新能源开发前期论证工作，特别是对海洋能资源的评估工作，应由政府有关部门组织承担，然而目前数据资料匮乏，不能满足实际开发的需要，开发企业各自为战，重复投入，资料不共享问题突出。

二、忽视海洋特性，短期利益驱使，是造成开发障碍的主要原因

海洋新能源开发有别于陆地新能源的开发，开发环境的复杂性被忽略。海洋新能源的开发会对海洋环境、海上航运、国防安全、渔业养殖与捕捞等产生影响。恶劣的海洋环境也给海洋新能源的开发带来巨大的困难和高昂的成本。没有充分考虑海洋新能源开发的特殊性，是造成海洋新能源未纳入可再生能源发展体系的一个重要原因。

在没有理顺相关利益者关系，开发制度和程序没有建立的情况下，受短期利益驱使，企业盲目开发与恶性竞争现象突出。在陆地新能源被大规模开发，可开发区域迅速减小的背景下，很多国有大型能源企业和电力企业将目光投向海洋，纷纷进军海洋新能源开发领域。在没有政策引导和规划指引的情况下，企业采用先入为主的策略大规模“圈海囤地”，在没有整体发展规划的情况下，开发企业只能面临多头管理的现状。另外，目前海洋新能源主要采用特许权招标，低价竞标方式，竞标价格已经接近陆上新能源，而投资却是陆上新能源的两倍，恶性竞争现象突出，不利于行业长远发展和技术水平的提高。

前期调查研究基础薄弱，盲目制定海洋新能源发展规划，部分沿海地区海洋新能源规划的科学性有待论证。海上风能资源至少经过一年的观测之后，才能预计发电量，从而进行工程成本利润核算，制定发展规划。而有些地区为尽早抢抓海洋新能源发展机遇期，规划编制周期短，投入少，科学基础薄弱，制定的规划无法有效指导海洋新能源开发。在没有科学调

查和科学论证基础上的海洋新能源盲目规划，势必会造成大量人力财力的浪费，得不偿失。

三、促进海洋新能源发展的几点建议

将海洋新能源纳入可再生能源发展体系。逐步提高海洋新能源的地位，在充分科学研究的基础上，考虑海洋新能源开发的特殊性，制定发展规划和支持政策，将其纳入到可再生能源发展体系中来。建立健全海洋新能源产业政策体系和配套规章制度，在正确把握海洋新能源产业成长规律的基础上，制定完整和系统的海洋新能源产业政策和法规。

充分发挥海洋主管部门功能，统筹协调管理。做好海洋新能源规划与原有的沿海开发规划之间的衔接，在海洋新能源开发的过程中，将沿海相关各方、各产业利益关系调整到位。海洋新能源规划应符合海洋功能区划、海岛保护规划以及海洋环境保护规划。坚持节约和集约用海原则，开展海洋能开发海洋工程环境影响评价。化解各利益相关者之间的矛盾，保证各种沿海经济活动的合理用海，充分发挥海洋能源作为新兴产业的发展潜力。同时，我国海洋新能源产业需要能源部门、海洋部门、电力部门、海事部门等统筹管理。在能源主管部门和海洋主管部门设立专门的咨询机构，在合理规划的框架下统筹管理。

加强海洋能调查评估力量，制定科学合理的长远发展规划。由海洋主管部门牵头组织，对海洋能的精确分布状况和重点开发区域进行调查和评估，为开发海洋能提供基础数据和必要信息。开展海洋新能源专项功能区划工作，对潮汐潮流能、波浪能、海上风能等各种海洋新能源发展进行详细的规划，指导企业的开发行为。制定发展路线图，充分考虑海洋能为我国偏远海岛供电的优势，重视海洋新能源开发对维护我国海洋权益和国防安全的重要性，根据世界发展潮流和自身国情做到有取舍、有重点、有计划，避免盲目发展，无序发展。

（2016年1月13日）

健全观测与评估体系
合理开发海洋新能源

张　平　刘容子　于华明

本文剖析了我国海洋新能源开发在观测与评估方面存在的问题，提出了海洋新能源测量与评估机制建立方面的几点建议。

一、海洋新能源观测与评估不成体系

海洋新能源观测目前以企业为主，缺乏整体性布局引导。海洋新能源观测是指利用测风塔、海上测流设备等对海洋新能源的年度变化、储量等进行观测。目前，我国海洋新能源开发企业对于海洋能观测热情高涨，积极参与海洋新能源观测，投资设立长期观测平台，成为目前海洋新能源观测的主体。企业掌握的数据资料较为翔实可靠，但是大部分企业只是从自身发展和区域开发角度进行观测，缺乏全局整体视角和观念，观测布点凌乱，数据标准与质量不统一，数据共享困难。

用于海洋新能源评估的资料缺乏，不能满足规划和工程项目建设要求。我国最早的海洋能资源调查始于1958年。1985年我国完成了第二次全国沿海潮汐能资源普查，1989年完成了沿海农村海洋能资源区划。由“908专项”近海海洋综合调查和综合评价项目支持，我国于2010年前后完成了“我国近海海洋可再生能源调查与研究”，并在此基础上进行了“海洋可再生能源开发与利用前景评价”工作。这些工作让我们对我国海洋可再生能源的分布，尤其是近海海洋能的储量有了基本了解，对于我国海洋能分布有了初步认识。但是对于海洋新能源规划的制定和实际开发，其资料无论是时间跨度还是空间分布都显得单薄，有关开发环境的综合信息极为缺乏。

海上风能开发需要建立测风塔进行长期观测，并且需要对开发海域的综合水文参数等进行观测。目前只有个别有愿望开发海洋新能源的企业，在开发海域进行了相关观测。相比陆上风能资源调查和评价工作，海上风能资源数据资料极为缺乏，海上长期观测平台匮乏。

评估机制不完善。目前，我国尚未全面开展针对海上风能开发的资源详查与评估工作。针对各类海洋新能源的实地调查、长期测量以及综合评估等工作也未系统开展。相比陆上新能源的评估差距显著，需要开展系统的专项行动，获得科学结论，支持技术研发和产业化发展。海洋能观测和评估，不仅是获得海洋新能源总蕴藏量和大概分布的数据，更重要的是针对海洋能及海上风能开发的特点给出工程级的具体指标作为参考。如何建立海洋能及海上风能评估机制是值得关注的重要问题。

海洋新能源观测没有规范性文件和标准。目前我国有关海洋能勘察与评价标准没有统一出台。海洋可再生能源调查与评价标准，海洋电站勘察与环境评价标准等都处于空白。不同单位进行海洋能资源量的观测和评估所采用的方法不同，所采用数据的时空分辨率不同，数据质量不同，导致了对于同一海域进行的海洋能评价结果往往不同。我国已经出台了有关陆上风电场风能资源测量方法和风能资源评估方法等国家标准，但是针对海上风能，并无相关标准出台。这使得海上风能资源估算常常出现较大偏差，对于海洋能及海上风能发展规划的制定可能造成误导。2011 年 5 月 11 日，国家能源局公布海上风能资源由 7.5 亿千瓦锐减到 2.5 亿千瓦，但这个数据也是某种方法的估算，要得到海洋能及海上风能的准确分布数据，还需要有科学的标准系统做保障。

二、海洋新能源评估的三大瓶颈

海洋新能源公共测量平台尚未构建。德国在发展海上风电之前，由国家投资了 3 座现代化测风平台，为北海和波罗的海海上风电开发积累了大量的实测数据资料。这些数据通过共享机制面向企业公开，使各企业都可以平等地获得高质量的观测数据，进行海上风能技术的开发与设计。而我国目前并没有海洋新能源公共测量平台，进行海洋能或海上风能开发需要各开发企业独立进行数据测量，并在开发海域进行各种勘察工作。各企业之间独立重复进行，数据无法共享，审批部门也无法掌握全面可靠的数据。这使得海洋能评估无法客观进行，产生资源浪费以及不公平竞争等负面因素，不利于海洋能产业的健康快速发展，这是目前海洋新能源数据缺乏的重要原因。

海洋数据公开共享机制不完善。海洋新能源观测不成体系，国家没有统筹制订连续观测计划，没有布置合理的观测平台，虽然企业热情高涨地进行单独观测，但是观测质量和站点选择不全面，数据无法得到共享。另外，国家海洋部门设立的海洋台站多分布于大陆海岸，观测要素不能完全满足海洋新能源开发需求，基础环境数据查询和使用申请手续烦琐，也是海洋数据无法共享的重要原因。

海洋新能源评估未与现有海洋功能区划相对接。海洋新能源的开发利用，应充分考虑海洋环境的特殊性，海洋新能源的开发不能对原有海上活动造成严重影响。而目前的海洋新能源资源评估并未充分考虑现有的海洋功能区划和相关海岛规划，这造成了一些企业无视海洋新能源开发对其他海上经济活动、军事活动以及环境和交通等的影响，盲目进军海洋能产业，跑马圈海。这不仅对海洋新能源产业的未来发展造成相当大的障碍，同时也影响了其他海洋产业的发展。

三、海洋新能源测量与评估机制的几点建议

由国家海洋主管部门牵头建立公共测量平台，建立数据共享机制，服务海洋新能源产业发展。在我国现有的海洋观测系统基础上，制定海洋新能源观测规范，增加海洋新能源观测项目，全面进行海洋新能源资源评价。在针对海洋能及海上风能测量及评价专项资金的支持下，国家能源局和国家海洋局在典型海域统筹构建海洋新能源公共测量平台系统，长期观测海洋能及海上风能有关参数。这样不仅能为海洋新能源规划及产业发展提供必要的帮助，也可为未来海洋电站电力输出预测提供必要的数据来源，有助于海洋新能源产业的长远健康发展。

充分考虑海洋新能源开发的特殊性，由能源主管部门和海洋主管部门组织建立国家海洋新能源监测体系。在现有海洋观测体系的基础上，充分考虑现有海洋功能区划，统一对我国海洋新能源资源进行常规测量和评估，避免各企业重复观测以及观测参数不统一，数据质量不高等问题。国家能源部门可会同海洋部门、海事部门、军事部门等在大量观测数据的基础上，充分考虑现有海洋功能区划和海岛规划，根据实际情况科学制定不同能种海洋新能源功能区划和发展规划。积极引导企业科学用海，保护海

洋环境，在海洋新能源规划的框架内，公平竞争，合理开发海洋新能源。

尽快建立适合我国海情的海洋新能源测量和评估规范。参考已有的太阳能、陆上风能等测量规范和评价标准，针对海洋能及海上风能的具体特点，考虑现有海洋功能区划，制定完善的、符合我国国情的海洋新能源测量及评价的国家或行业技术标准，指导海洋新能源的评估工作。

（2016 年 1 月 27 日）

我国应加强海洋新能源试验平台及配套建设

张　平　刘容子　于华明

一、海洋新能源基础设施建设现状

海洋新能源产业布局与港口建设严重脱节。我国海洋新能源布局并未以港口为核心，海洋新能源装备部件生产企业较为分散。大型设备通过陆上长途运输，物流成本极高，开发效率低下。

尚未建立用于海洋新能源装备测试和实验的公共平台。从海洋能工程样机开发到形成海洋能产品的过程中，必须进行严格的实海况性能检验与质量检测。我国目前尚未建立海洋新能源公共测试和实验平台，产品检验标准和准入制度更无从谈起。很多研发的精良海洋新能源装备都需要到国外检验和认证，才有资格进行产品生产和销售，这严重制约了我国海洋新能源技术的发展。在没有海洋新能源公共测试与实验平台的情况下，各单位开发海洋能新产品必须单独进行实海况测试与检验。海上试验成本占海洋新能源技术开发成本的30%以上。单独进行的试验效果不佳，危险性强，既浪费人力、物力和财力，也无法进行同类产品的性能比较。

我国缺乏高水平海洋新能源开发利用实验室。海洋环境相比陆地环境复杂多变，海洋新能源装置的安装和维修需要适应恶劣的海洋环境。海洋新能源技术需要多学科和多方面工程技术协同开发。目前，我国还没有建立集多学科人才的高水平专业海洋新能源实验室，没有建立海洋新能源关键技术开发和人才培养基地。

二、基础设施建设滞后的主要原因

忽视海洋新能源开发自有特性。海洋新能源的开发与陆地新能源的开发具有很大的不同。由于海洋环境恶劣，一般海洋新能源装置重量和体积巨大，需要特殊的海上运输设备和工装设备进行安装。海洋工程与陆地工程有显著差别，在实践中往往忽视海洋新能源开发的自有特性，是海洋新能源产业布局与港口脱节的主要原因。

平台建设投资巨大，一个单位无法单独承建。海洋新能源目前处于发展初期，市场化还不成熟，利润率较低。科研单位和企业的研发热情很高，主要是因为海洋新能源的发展前景好，随着技术水平的提高，以及关键技术的解决，生产成本会逐渐降低，附加值会随之升高。在目前阶段，进行海上试验平台的建设投入巨大，在市场和技术都还不成熟的发展阶段，任何一个单位都无法单独承担高额的平台建设费用，同时较长的回报周期也使得研发单位望而却步。

海洋新能源人才相对缺乏，科研和生产力量不集中。海洋新能源在我国近几年才出现快速发展势头，专门从事海洋新能源专业研究的人员很少，专业人才缺乏。但是海洋新能源又属于技术交叉行业，目前不同专业背景的人才逐渐开始以海洋新能源为研究对象，合作开发新技术，解决关键问题。针对海洋新能源，我国的人才、科研和生产力量还不集中，没有形成合力，这也是造成高水平综合实验室没有建立的重要原因。

三、加强海洋新能源基地配套设施建设的几点建议

合理布局并建立海洋新能源专业港口基地。海洋新能源开发利用专用港口，在整个海洋新能源产业链中发挥着中心作用。所有大型海洋能设备的安装、保养维护，以及修理服务的人员和相关物资都要通过港口进行调配和运输，这对海洋新能源港口的设计和建设提出了更高要求。建议海洋新能源港口要有较好的面向海洋和陆地的运输条件，如在山东东营、威海、青岛、日照和江苏盐城、南通等有关港口进行相关规划。

加快建立海洋新能源海上试验场及用于不同类型海洋能技术的测试平台。建议国家海洋主管部门根据我国海洋环境的基本特点，在我国海洋监测体系的基础上，选择海洋新能源丰富并具有代表性的海洋环境区域设立海洋新能源海上测试平台，建立海洋新能源海上试验场。由国家和地方政府投资在海上建立永久性的测试基地，供不同海洋能装置测试使用。

集中多学科优势资源，组建海洋新能源开放实验室。在我国沿海有条件的科技研究单位、大专院校以及科研院所，联合从事海洋新能源产业的

相关企业，包括中小型企业和民营企业，建立海洋新能源综合实验室，通过承担与海洋新能源开发有关的科研项目，实现产学研相结合，逐步建立我国海洋新能源开发利用研究基地、人才培养基地和技术转化中心。力争使我国海洋新能源综合利用技术达到国际先进水平，在我国海洋经济和社会发展中发挥重要作用。

（2016 年 2 月 17 日）

如何挖掘岛群开发的最大效益

——国外岛群开发经验谈

刘　明

岛群是一个区域概念，指在一定海域范围内，由地理空间毗邻、自然属性相近、功能用途趋同的若干海岛组成的岛屿群落。岛群具有陆海双重属性，是一类重要的地理单元。岛群经济是在一定范围地理单元内，由两个以上（包括两个）自然属性密切相关、经济活动紧密关联的海岛组成的一个相对独立的空间经济系统。岛群的连片开发往往比逐个海岛的开发能取得更大的效益。

总结国外岛群开发方式及岛群经济的发展模式，主要有旅游用岛群、工业用岛群、港口开发用岛群等。从管理角度来看，其成功经验主要有以下几个方面。

先期制定岛群区域长远总体发展规划。无论岛群以哪一种产业作为主导产业进行开发，都需要先期制定科学的长远发展规划。马耳他群岛是世界著名的旅游胜地，人均国内生产总值达 1.6 万美元，旅游是其最大的支柱产业，旅游收入约占国内生产总值的 25%，每年吸引国外游客 100 万人以上。早在 1989 年，马耳他就邀请联合国开发计划署和世界旅游组织制订《马耳他诸岛旅游规划方案》，对各岛旅游功能进行合理的分工定位，并严格按规划实施。新加坡裕廊化工岛，是新加坡政府将本岛南部的 7 个小岛用填海的方式连接而成的人工岛，总面积 32 平方千米。裕廊岛是全球第三大石油炼制中心、全球十大乙烯生产中心之一，其成功的重要因素之一就是制定了科学合理的开发规划并严格按规划实施开发，岛群的填海进程、建设进程与总体规划都基本一致。20 世纪 90 年代，印度尼西亚的巴淡岛实现经济起飞，与其积极参与“成长三角”计划也密不可分。

重视推进海岛岛群基础设施建设。开发海岛首先需要推进海岛基础设施建设，从根本上改变海岛的投资环境。海岛开发基础设施先行，是很多国家海岛经济发展的重要一环。印度尼西亚的巴淡工业园由 7 个岛 6 座桥连接。工业园的基础设施完备，其中公路 1000 多千米，即使在高峰时段也不会出现交通拥堵。工业园有多个货运码头和客运码头，每天有 100 多航次往返于巴淡岛和新加坡、马来西亚之间。岛上工业基础设施完备，投资者可以搬入已建好的厂房或购买地块按需建厂，在 2000 平方米的地块上建一处 1000 平方米的厂房，包含地价的成本也仅需 20 万美元左右。岛上的电信设施及服务均采用最新标准和最新技术，电力供应由印度尼西亚国营公司负责，私营电厂也可供应一部分电力。岛上有 6 座水库，淡水供应充足。新加坡的裕廊化工岛、旅游胜地马尔代夫等在开发之前，也都建设了完备的基础设施。

提供优惠政策和优质高效的服务。政府提供必要的优惠政策和服务支持，对岛群经济发展起着关键作用。优惠的政策和优质高效的服务，为岛群产业开发吸引了大批投资者，也吸引了众多游客。以马尔代夫为例，外资投资旅游业只收取租金和旅游税，游客出入境实行落地签证或免签，政府对成年人提供免费的旅游职业教育，通过国际媒介广泛宣传推介海岛旅游。在印度尼西亚的巴淡岛内，所有货物进出口全部豁免关税，免征奢侈品税，出口加工业免增值税。巴淡工业园向投资者提供货运物流、海关结算等全方位、一站式服务以及多元化的金融服务。

高度重视岛群区域的生态环境保护。岛群发展在注重经济开发的同时，更应高度重视生态环境保护。例如，马耳他政府长期向民众普及环境保护有关法规，实施环保措施以使沿海地区更具旅游吸引力。马尔代夫的海岛开发规划需服从生态环境保护的需要，海岛的食物储藏、垃圾处理等都符合环境保护要求，生活污水禁止直接排向大海。新加坡政府高度重视环保，在裕廊岛产业发展战略规划制定时就开展了环评工作，岛上除生产、办公功能外不安排居住等其他功能，倡导清洁生产，生活污水经净化后供工业使用。

这一次在博鳌论坛签署的岛屿发展命运共同体《论坛宣言》，为岛屿地区合作和发展指明了方向，同时也对我国的岛屿开发提出了更高的要求。只有积极借鉴并吸收国外先进海岛开发和管理的经验，诸如在总体规划、基础设施建设、优惠政策支持、生态环境保护等方面不断完善和发展，不断建立并强化我国岛屿经济发展的优势，才能增强自身的吸引力和影响力，更好地融入全球市场和国际分工，更加积极地提高岛屿发展命运共同体的凝聚力。

（2016 年 4 月 7 日）

实施创新驱动发展战略 有效拓展蓝色经济空间

刘 堃

《国民经济和社会发展第十三个五年规划纲要》将“拓展蓝色经济空间”单独成篇，对海洋经济发展、海洋科技创新、海洋生态文明建设、海洋权益维护等多方面进行了顶层设计，充分体现了党和国家对海洋事业发展的高度重视与殷切期许。

“十三五”时期是我国拓展蓝色经济空间的关键时期。蓝色经济空间拓展不仅需要“增”空间，即以建设21世纪海上丝绸之路为重大契机与重要载体，实现海洋经济布局从近岸海域向海岛及深远海延伸，积极开拓国外市场，更深更广地融入全球海洋产业价值链体系；也要求“省”空间，即集约高效地利用现有海洋资源，打造现代海洋产业新体系，提升海洋经济发展的质量与效益，扩大国内市场对海洋产品的需求规模和层次。这些任务的部署实施都需要深入实施创新驱动发展战略，才能在新常态下实现蓝色经济空间的有效拓展。

强化科技创新引领作用，构筑现代海洋产业“新体系”。“十三五”时期，我国海洋产业结构进入深度调整阶段。要不断发挥科技创新在海洋产业结构优化升级中的引领与支撑作用，加强海洋领域的基础研究，强化原始创新、集成创新和引进消化吸收再创新，着力增强自主创新能力，不断提高海洋科技成果供给的质量和效率，推动海洋科技成果向资本化、产业化和市场化应用转变。加快海洋渔业、海洋船舶工业、海洋盐业等传统产业绿色转型，全面提高产品技术、工艺装备、能效环保等水平。加速海洋生物医药、海水淡化、海洋可再生能源等领域的技术创新与产业化，不断提高产业国际竞争力。以产业升级和提高效率为导向，着力推动滨海旅游业、海洋交通运输业提质增效，大力发展海洋科技服务业、涉海金融服务业等新兴业态，扩大涉海公共产品和公共服务供给，深入推进信息化与各海洋产业的协同融合，积极推动“海洋+互联网”等发展模式创新。争取在“十三五”阶段构建起结构合理、开放兼容、环境友好、具有国际竞争力的现代海洋产业新体系。

推进“大众创业万众创新”，为海洋经济增长培育“新动能”。我国海洋经济向质量效益型转变的关键在于能否实现增长动力的“去旧换新”，即实现增长动力的转化。在海洋领域开拓“大众创业万众创新”新局面是落实创新发展理念的具体行动，旨在将传统的以海洋资源、涉海劳动力、资本等驱动的发展方式，转向依靠海洋高新技术、人力资本等创新要素驱动为主的发展模式。海洋产业普遍具有资金投入大、科技含量高、资金回收周期长的特点。海洋领域的创新创业更需要充分发挥市场在资源配置中决定性作用的同时，充分发挥政府作用，构建起良好的政策环境、制度环境和公共服务体系，切实解决海洋领域创业者面临的资金需求、市场信息、政策扶持、技术支撑等难题。通过“大众创业万众创新”，引导创新要素和传统要素形成新组合，汇聚成沿海地区经济社会发展的内生动力，实现海洋经济持续健康发展。

立足“十三五”新起点，要深入实施创新驱动发展战略，坚持以海洋科技创新为核心的全面创新，推动海洋科技创新与“大众创业万众创新”有机结合，探索形成更多依靠创新驱动、更多发挥先发优势的发展模式，为适应和引领海洋经济发展新常态、实现海洋经济结构深度调整提供坚实支撑。

（2016年4月12日）

低碳发展滨海旅游

刘　明

滨海旅游业是指在沿海地区开展的海洋观光游览、休闲娱乐、度假住宿和体育运动等活动。我国滨海旅游业实现节能减排、实施低碳化发展具有很大潜力，这对于海洋经济低碳化发展、促进国家旅游业走低碳化道路具有重要意义。

一、发展状况

近年来，我国相继出台有关环境保护、促进旅游业发展的政策，对滨海旅游业低碳化发展产生了积极的推动作用。这方面的政策包括：《关于旅游业应对气候变化问题若干意见》《绿色旅游饭店标准》《关于进一步推进旅游行业节能减排工作的指导意见》《国务院关于促进旅游业改革发展的若干意见》等。

同时，沿海地区根据本地区具体情况，颁布多项政策以规范旅游业发展，推动了其低碳化。2010 年 4 月，广东省开始试行星级酒店取消配送一次性日用消费品，并将其纳入绿色酒店的评定标准中。《海南国际旅游岛建设发展规划纲要》提出，大力提倡发展低碳经济，全力实施低碳旅游。2012 年，福建省旅游局发布了《关于加强星级饭店行业节能减排工作的通知》。2013 年，上海市旅游局印发了《2013 年上海市旅游饭店业节能减排重点工作安排》。

根据研究测算，2013 年我国滨海旅游业碳排放量为 22 966 万吨，我国旅游业碳排放量为 581 059 万吨，滨海旅游业碳排放约占我国旅游业碳排放量的 4%。

二、对策建议

制定滨海旅游业低碳发展规划。在对我国滨海旅游业充分调查研究的基础上，结合滨海旅游业发展现状、低碳化发展中存在的问题，以及滨海旅游业发展趋势，充分考虑现有低碳城市、其他行业低碳技术发展和应用的现状及趋势，统筹考虑旅游企业、景区、交通、酒店以及游客等多种要素，以低能耗、低污染为总体指导思想，制定滨海地区旅游业低碳发展规划。明确降碳和减排的指导思想和总体目标，合理分配与滨海旅游业有关的交通、住宿、旅游活动等组成部门减排的具体目标，合理分配沿海 11 个省（市、区）的减排目标。结合目标的实现，明确滨海旅游业低碳化发展的重点任务。

制定、实施滨海旅游业低碳认证制度。国家海洋行政管理部门会同交通、环保、统计等部门，针对与滨海旅游业相关的交通运输、住宿、餐饮、休闲娱乐、旅游商品、旅游景区等方面的碳排放，制定科学、完善、操作性强的低碳评定标准，进行严格的评定分级。滨海旅游业低碳发展的核算标准，要突出“滨海”的特色，滨海地区与内陆地区低碳旅游发展有所不同，在核算标准中应给予重视。比如，旅游酒店，要突出海鲜类饮食的低碳核算；旅游交通，要突出海洋交通的低碳核算，等等。在制定合理的碳排放量核算标准和评定分级标准的基础上，在沿海地区积极推动实施低碳旅游的认证制度，建立健全低碳标志标准。

制定并实施滨海旅游业低碳发展的奖励和财税政策。沿海地区政府制定践行低碳旅游的鼓励政策。对于在滨海旅游业低碳化发展中做出表率或突出贡献的旅游企业、旅游景区、游客等给予表彰和鼓励。同时，落实低碳旅游发展的共同财税政策，通过税收、政策补贴、政府扶持资金，引导绿色建筑、低碳交通、森林碳汇等低碳技术以及新材料、新能源的实际应用。突出滨海旅游与内陆旅游的区别，在海洋交通、碳汇渔业等方面出台倾斜的财政扶持政策，引导滨海地区旅游低碳发展。根据滨海旅游业各组成部分的特点，可选择旅游住宿、旅游景区、海洋旅游交通等启动二氧化碳排放碳税征收试点工作。

制定滨海旅游低碳发展指南。滨海旅游业的实践者涉及旅游企业、滨海旅游景区、旅游服务人员、游客等多个方面。沿海地区应根据本地区情况有针对性地制定滨海旅游业发展指南，这对于减少能源消耗和环境污染，提高公众低碳意识，指导滨海旅游业低碳化发展都具有重要意义。

（2016 年 5 月 16 日）

欧盟《蓝色经济创新计划》带来的启示

刘 堃 刘容子

继2012年欧盟委员会提出“蓝色增长”的战略构想之后，2014年欧盟提出《蓝色经济创新计划》。该计划从联盟层面提出整合海洋数据，绘制欧洲海底地图；增强国际合作，促进科技成果转化；开展技能培训，提高从业人员技术水平等多方面构想。结合我国新形势下海洋强国建设、创新驱动发展战略对海洋经济与海洋科技发展的部署与要求，欧盟该计划的创新举措与先进经验可为我国提供启示和借鉴。

一、欧盟高度重视蓝色经济发展

欧盟成员国中有23个国家临海，沿海地区承载了欧盟近一半的人口，创造了欧盟国家约50%的国内生产总值。以海洋为依托的经济活动为欧盟提供了大约540万个就业岗位，每年创造的增加值达近5000亿欧元。欧盟对外贸易的75%、对内贸易的37%都是通过海运来完成的。海洋及关联产业在欧盟经济发展中发挥着重要作用。

2012年9月，欧盟委员会发布《蓝色增长：海洋及关联领域可持续增长的机遇》（以下简称《蓝色增长》）报告，提出了蓝色增长的战略构想。其中，把蓝色经济定义为与蓝色增长相关联的经济活动，但不包括军事活动。

按照产业生命周期理论，欧盟又将蓝色经济活动分为初创、成长、成熟三类，其中处于初创阶段的产业活动包括蓝色生物技术、海洋可再生能源和海洋矿产资源开发；处于成长阶段的产业活动包括海洋风电、邮轮旅游、海水养殖和海洋监测监视；处于成熟阶段的产业活动包括近海航运、海洋油气、滨海旅游、游艇和海岸带防护。

为了充分开发近岸、近海与远海的潜力，《蓝色增长》报告中专门用一章的篇幅阐述了蓝色经济的区域布局。基于波罗的海、北海、东北大西洋、地中海、黑海、北极圈、远海区域七大海域的地理环境、生态价值和社会经济发展潜力分析，对未来各海区重点开展的经济活动进行了展望。

如今，蓝色经济已成为欧盟科研投资的重点领域之一。2007—2013年，欧盟委员会每年提供约3.5亿欧元，用于相关领域的技术研发。2013年12月，欧盟正式启动第八个科研框架计划，即“地平线2020”科研规划。仅2014—2015年，该规划用于发展蓝色经济的预算达1.45亿欧元，而且后续还会不断增加投资。2014年5月8日，欧盟委员会推出《蓝色经济创新计划》（以下简称《计划》）。5月19—20日，欧盟海洋日的主题也围绕“蓝色经济”创新展开。这充分显示了欧盟对海洋科技创新的重视，希望通过海洋科技与经济的进一步融合发展，在海洋领域获取更大的利益。

二、欧盟从三方面推进《蓝色经济创新计划》

在蓝色增长战略的指导下，欧盟将重点从3个方面着手推进《计划》的实施。

（一）整合海洋数据，绘制欧洲海底地图

《计划》显示，欧洲海底水文、地质和生物等方面的观测与调查明显落后于实际应用需求。高达50%的欧洲海底缺乏高分辨率测深调查，超过50%的海底缺乏生境和群落映射。虽然最近几十年，欧盟对海洋观测系统进行了大量投资，获取了大量海洋数据，但这些数据散落在不同组织和部门中，整合它们不仅需要花费大量资金，也相当费时费力。

有鉴于此，欧盟委员会决定2020年前绘制出包括海底和覆盖水域的多分辨率欧洲海洋地图，同时积极推进数据整合，确保数据便于访问、可互相操作和使用自由。具体行动包括：完善欧洲海洋观测数据网络；整合渔业数据采集框架等数据系统；促使从海洋观测数据网络获取由私人企业收集的非涉密数据更加便利；鼓励支持欧盟研究项目的财团批准开放部分海洋数据；利用欧洲海洋与渔业基金资助，建立用于观测系统、抽样计划与海洋盆地调查的战略协调机制。

《计划》预计，通过采取上述行动，不仅每年可增加超过10亿欧元的

经济效益，也将有助于《欧盟海洋战略框架指令》的执行，同时大幅降低涉海公共和私营部门的管理风险和不确定性，例如，降低恶劣天气、重大交通事故、海洋污染造成的经济损失等。

（二）增强国际合作，促进科技成果转化

蓝色经济发展面临一系列挑战，只有加强国家之间的合作才能有效解决。同时，一些基础研究也离不开国际合作。在“地平线 2020”的支持下，随着加拿大-欧盟-美国大西洋海洋研究联盟的成立，欧盟海洋科技领域国际合作的广度和深度将不断加强。为了使新的研究机会得以广泛普及，增强国家资助的研究活动与“地平线 2020”之间的协同，欧盟委员会还将建立和完善现有的信息系统。在此基础上，建立一个信息共享平台，为“地平线 2020”科研资助项目以及成员国资助的海洋研究项目提供信息，方便分享研究成果。据《计划》显示，欧盟正不断搭建创新成果从实验室走向市场的桥梁，努力促进成果向市场转化。

（三）开展技能培训，提高从业人员技术水平

缺少科学家、工程师和能够熟练应用海洋新技术的工人是目前影响欧盟蓝色经济增长的瓶颈因素之一。“玛丽-居里行动计划”旨在通过激励更多人从事研究事业、鼓励欧洲科研人员留在欧洲工作，同时吸引全世界科研人员到欧洲工作，从数量上和质量上加强在欧洲的科研力量，将欧洲建设成最能吸引顶尖人才的地方。根据《计划》，欧盟拟在以往“玛丽-居里行动计划”成功经验的基础上，鼓励海洋相关行业从业者积极开展研究，并通过教育培训、设立创新工程以及企业孵化器等多种方式加强研究成果的转化。欧盟委员会还鼓励相关人员申请加入知识联盟和海洋行业技能联盟。

三、对我国海洋科技创新发展的启示与建议

“十二五”以来，我国海洋经济增速明显趋缓，已由高速增长期过渡到增速“换挡期”，正处于向质量效益型转变的关键阶段。欧盟委员会推出的《计划》可为我国海洋科技创新的顶层设计，特别是当前正在编制的《海洋科技创新总体规划》，提供有价值的借鉴和参考。

（一）借鉴国际先进经验，深化蓝色经济理论与实践研究

虽然我国与欧盟、美国对蓝色经济的概念界定并不完全相同，但蓝色经济是将海洋作为经济活动的重要载体以发挥其综合作用，同时达到一种人与海洋协调发展状态的基本内涵正在获得更加广泛的认可。

欧盟在蓝色经济研究中采用了以价值链作为分类标准的新海洋产业分类方法，即将海洋要素为关键性投入的几类经济活动作为核心产业，再向上下游产业延伸，将整条产业链作为蓝色经济的组成部分。经过系统研究，报告将海洋产业分为六大类。欧盟价值链分类法不仅在欧洲海洋研究中首次应用，在其他国家以往的分类中也未见先例。我国对海洋产业采用的是3次产业分类法，同时对海洋产业及海洋相关产业进行区分。与我国海洋产业体系划分进行比较，欧盟分类方法的优点在于系统性较强，每类产业内在联系相对紧密，对海洋产业指标统计也比较方便。价值链分类法为我国以及其他国家研究海洋经济提供了有益的借鉴。

由于中国、美国、欧盟、日本、澳大利亚、韩国等海洋经济大国或地区在海洋经济统计分类、口径、方法等方面存在一定差异，各国或地区数据不能横向比较。基于此，加强海洋经济理论研究的国际交流，通过国际合作建立通用统计标准，应当成为下一步海洋经济理论与实践研究重点加强的一个领域。

（二）拓展海洋开发的广度与深度，提升海洋资源利用效益

《蓝色增长》报告在分析欧盟近岸、近海和远海开发潜力的基础上，针对七大海区的特点，进行了海洋产业布局安排。与之相对照，我国的海洋经济布局主要是沿海地区的涉海产业布局，其着眼点主要落在沿海陆域，对三大边缘海及深海大洋开发的区域布局涉及较少。

现阶段，我国海洋整体开发程度偏低，在空间分布上表现为海岸带开发趋于饱和而深远海开发不足。海域开发利用高度集中在10米以内等深线的海域，沿海10~30米等深线以内的浅海面积利用率不足10%，而20~30米等深线以内的空间资源开发利用则更少。这些问题都需要通过海洋区域开发规划予以科学调控。因此，可借鉴欧盟经验，分海域制定开发与保护规划，特别是制定深海大洋开发路线图，以此增强我国陆海

统筹能力，提高海洋经济发展水平。

（三）确定优先推进的科技领域，制定时间表和实施路线图

为提高《计划》的执行效果，报告专门在结论中明确了重点行动实施时间表。例如，2020 年 1 月前发布欧洲整个海底的多分辨率地图等。我国在编制《海洋科技创新总体规划》时，也要在做好形势研判、需求分析的基础上，在具有战略性、前瞻性的海洋关键科学技术领域确定重点任务、实施时间及路线图，使规划执行更加易于操作、贴合实际、便于实现，从而为当前和今后一段时间我国海洋科技的发展起到指导和引领作用。

深水、绿色、安全的海洋高技术是海洋强国竞争的制高点。当前，我国在深海开发、海洋经济的绿色发展以及海上安全保障等方面的科技创新能力还严重不足。未来需有针对性地围绕这三方面开展海洋高技术研究，特别是对几大海洋战略性新兴产业领域要制定产业技术路线图，对遴选的重点工程要拟定明确的推进时间表，以此提高《海洋科技创新总体规划》的实施成效。

（四）建立国家海洋数据共享平台，加强国际海洋科技交流与合作

欧盟委员会将进行海洋数据的整合，建立一个信息共享平台，为“地平线 2020”科研资助项目以及成员国资助的海洋研究项目提供信息，方便分享研究成果。同时，通过成立加拿大-欧盟-美国大西洋海洋研究联盟、举办蓝色经济和科技论坛等多种方式，扩大欧盟海洋科技国际合作的范围。

结合我国实际来看，随着科技兴海战略的深入实施，海洋信息共享工作在数据内容、标准规范和技术路线上不断扩展、改进，取得了显著成效。但已建立的海洋信息共享平台分散在各地区或不同业务部门，数据表达存在较大差异，彼此间关联程度低，难以发挥信息资源的整体效益。为此，有必要借鉴欧盟的创新举措，把分散的海洋科学数据整合在统一平台内，形成国家海洋数据共享平台。该做法不仅避免了重复调查研究，节省了平台建设和运营资金，也有利于更加便捷地获取信息数据，充分发挥信息资源的作用与效能。

（五）重视发展职业教育，提高技工人才质量

根据《计划》，欧盟拟在以往“玛丽-居里行动计划”成功经验的基础上，通过鼓励相关人员加入知识联盟和海洋行业技能联盟等多种形式，大力发展职业教育，提高相关人员的就业能力，最大限度地满足劳动力市场对高级技工人才的需求。

目前，我国的海洋领域同样面临着高级技工人才短缺的问题。以海洋工程装备制造业为例，海工装备的设备众多、技术复杂、调试难度大，对相关人员的要求很高。例如，深水钻井平台的主要结构和大型设备安装需要使用大型起重机，推进器的安装必须在码头的深水中进行，压载系统的设计、安装、调试，以及钻井系统、锚泊及动力定位系统调试程序复杂。在整个深水平台投入使用时必须实现各个设备协同配合，需要大量的连接和调试工作，而相关专业人才严重短缺。

因此，有必要借鉴欧盟的经验，建设一批涉海示范化职业学校、高水平实训基地和职教集团，同时鼓励国内有关涉海企业特别是海洋高技术企业结合行业发展要求及人才需求特点，选择一些重点涉海院校开展合作，采取“订单式”培养等多种产学联合模式，着力培养海洋战略性新兴产业发展所需的工程技术、科技服务和产业化人才队伍，为实施创新驱动发展战略提供强有力的高技能人才支撑。

（2016 年 6 月 15 日）

滨海旅游业如何应对气候变化

朱　璇

进入21世纪以来，气候变化已经成为全球关注的热点。旅游业对气候资源高度敏感，是除农业外受气候变化负面影响最大的产业。滨海旅游业作为旅游业的一个子类别，受气候变化影响也非常大。受海平面上升、气温增高、极端天气增加等多种效应影响，滨海旅游业面临着沙滩缩小、旅游季节缩短、安全性降低的威胁。海水酸化将导致珊瑚礁等生境退化，影响潜水等旅游活动。海平面上升和风暴频率增加也会损毁滨海建筑和道路、管线等基础设施，增加旅游活动的风险。

为应对气候变化的不利影响，同时减少旅游业的碳排放，近年来很多国家和地区的旅游业都采取了应对气候变化的政策。如，欧盟发表了首个滨海旅游政策，澳大利亚制定了《旅游业与气候变化行动框架》，很多岛国纷纷采取了应对气候变化的措施。

欧盟发布首个滨海旅游政策。欧洲是世界最大的旅游目的地，滨海和海上旅游业则是欧洲最大的海洋产业。欧盟首次提及气候变化背景下的旅游业策略，是于2010年发布的《欧洲旅游业新框架政策》。该框架政策明确认识到气候变化对旅游业的影响，认为气候变化可能改变未来的旅游模式，并对部分目的地造成明显影响。

欧盟2014年发布了首个滨海旅游政策——《促进海滨和海上旅游经济增长和就业的欧洲战略》，重点之一即是帮助滨海旅游业适应气候变化影响。该战略认为，气候变化影响将可能重塑旅游业的地理分布和季节需求，进而影响滨海旅游的市场和经营模式。为此，该战略倡导实施海岸带综合管理，推行海洋空间规划、绿色基础设施建设，以此保护海岸带地区的旅游资源，提高沿海社区对海平面上升等气候变化影响的抵抗力。另一方面，该战略积极推进生态旅游，通过在旅游业推行欧盟生态标签、欧洲生态管理和审计系统等管理工具，降低旅游活动的环境影响。可以预见，低碳、环保和可持续的滨海和海洋旅游将是欧盟旅游业未来发展方向之一。

澳大利亚发布应对气候变化专门政策。澳大利亚的旅游景观以独特的地貌景观和未经开发的原始生态闻名。旅游业是澳大利亚经济的重要产业，也是创造就业岗位最多的服务行业。2008 年，澳大利亚政府发布了关于旅游业应对气候变化影响的专门政策——《旅游业与气候变化行动框架》。该行动框架认为，全球范围内不断升温的碳减排呼吁将给涉及交通、住宿等多项耗能环节的旅游业造成持续压力。为了帮助旅游业适应碳约束背景下的市场环境，同时应对气温升高等不利影响，该行动框架提出了 5 个优先领域：一是更好地理解气候变化对旅游业的物理和经济影响，培养旅游业的抵抗能力和适应能力，为未来的投资方向提供确定性意见；二是鼓励旅游业为未来的碳约束政策做好充分准备，继续为澳大利亚的经济做出实质性贡献；三是重新定位旅游市场策略，应对气候变化带来的挑战和机遇；四是开展持续的和有效的行业延伸服务和交流，为旅游业提供充分的信息；五是在全国范围开展持续的、包容的和合作的应对气候变化实施途径。

小岛屿国家采取多项措施应对气候变化。相对于其他旅游目的地，小岛屿国家面对气候变化影响更为脆弱。为应对海平面上升和风暴潮的影响，很多小岛屿国家对滨海建筑提出了更为严格的建造标准和要求。例如，斐济要求度假酒店至少建在距高潮位 30 米以外、海拔高度距海平面 2.6 米以上的地带，建筑结构要能够抵御每小时 60 千米的风速。

气候变化导致的气温升高将加剧全球部分地区干旱的强度和持续时间。为此，位于南美洲多巴哥岛上的度假酒店采取了各种节水措施。为应对季节性缺水，很多小岛国发起了扩展可用水源、修缮供水和污水回用系统等行动措施，促进可持续的水资源管理。

总体而言，尽管滨海旅游业应对气候变化的重要性和紧迫性逐步为各国所认识，不少旅游目的地采取了积极措施，但滨海旅游业适应气候变化的政策仍处于较为初级的阶段。政策以框架性、方向性要求为主，缺乏规范性和操作性的标准和细则。在这一背景下，滨海旅游业更应进一步健全政策体系，重视防波堤、避难所等基础设施建设，抵御海平面上升和海洋灾害的作用，加强对珊瑚礁、海草床等敏感生态系统的保护，使它们免受海水酸化、海温升高的影响，充分发挥风暴保险、季节性折扣等经济手段的作用，降低不利天气和高温天气对游客消费意愿的影响，逐步充实滨海旅游业应对气候变化的政策手段。

（2016 年 6 月 22 日）

多元创新发展海水健康养殖业

刘　堃

新中国成立以来，我国海水养殖业先后经历了以藻、虾、贝、鱼、海参等海珍品为代表的五次发展浪潮，至20世纪90年代初已成为世界最大的海水养殖生产国。

然而，在资源环境刚性约束日趋加剧的背景之下，可养殖水域大幅度缩减带来的养殖空间危机以及养殖方式落后带来的质量和效益危机，使得海水养殖业面临着转变增长方式，向健康养殖模式转型的历史性选择。《国务院关于促进海洋渔业持续健康发展的若干意见》明确指出，要加大水产养殖池塘标准化改造力度，推进近海养殖网箱标准化改造，大力推广生态健康养殖模式。

目前，具有资源消耗低、投入产出高、综合效益好等特点的海水健康养殖业已成为我国沿海地区着力培育的海洋战略性新兴产业之一。今后一段时期是我国适应经济发展新常态、大力推进海洋生态文明建设、促进绿色低碳发展的战略机遇期，要充分把握历史机遇，采取多元创新举措，加快发展海水健康养殖业。

一、内涵界定

一般来讲，海水养殖主要分为池塘养殖、筏式养殖、底播养殖、网箱养殖等模式。这几种养殖模式并没有绝对的“健康”与“非健康”之分，每一种养殖模式都会对生态环境或他人用海造成一定影响，存在着外部性。海水健康养殖业是相对于粗放的、半精养的传统养殖业而言的，是海洋生物资源可持续开发与利用的重要途径，从亲体选择、苗种生产到养成阶段水质管理和饲料营养均有严格的要求。生产活动至少包括以下内容：养殖适宜在我国推广的水产优良养殖品种，使用天然或营养全面的人工配套饲料，养殖密度或养殖方式基本不对生态环境产生负面影响，生产健康、安全的无公害水产品。

从技术创新的演进规律来看，海水健康养殖业是建立在传统海水养殖业基础上，在现代健康养殖技术扩散与渗透下形成的产业门类。海水健康养殖能够有效减少养殖生产过程中向海洋排放的污染物，在一定程度上实现在特定水域，充分利用海洋的自净能力与现有的自然资源条件，有效降低传统养殖模式引发的外部不经济性。传统养殖模式在经过技术改造之后，都可以转化为具有高效、节能、高密度集约化和排放可控的健康养殖模式。

二、发展现状与存在的问题

经过长期探索，我国海水健康养殖品种扩大到大菱鲆、刺参、皱纹盘鲍、对虾、梭子蟹等近百种，其中30多个品种实现了规模化养殖；养殖空间从近海滩涂向外海与深水拓展，立体化养殖、陆上集约化养殖模式发展较快；已形成了多种具有较高推广价值的健康养殖模式。

我国海水网箱养殖始于20世纪80年代初，深水网箱养殖则发端于90年代末。目前，深水网箱养殖在我国沿海地区已初具规模，推广应用范围比较广，浙江、广东、海南等地已基本形成深水抗风浪网箱养殖产业群。同时，沿海各省市还积极推行滩涂和浅海生态养殖模式，建立起多营养层次生态养殖新模式，大幅度提高了海洋生态环境容量和生产效率。

总的来看，我国海水健康养殖进展显著，既改善了养殖环境，又拓展了养殖空间，但在一些关键环节上还存在诸多问题：

良种培育工作明显滞后。良种是海水健康养殖业发展的基础。长期以来，种质培育一直是我国海水健康养殖的薄弱环节之一，现有的海水养殖品种中只有少数几个是经过人工选育或杂交后代的利用，多数还停留在野生种质的利用阶段。单一品种长期的高密度养殖往往会诱发养殖种类的高度一致性，对外来干扰和病害的暴发性流行缺乏抵抗力，出现抗逆性差、性状退化等问题。当前我国海水养殖良种覆盖率的提高严重依赖良种引进。在国内选育技术不能满足生产需要的情况下，我国陆续从国外引进了部分良种，一定程度上丰富了国内的海水养殖品种结构，但从长期来看，若持续依赖良种引进，而自身选育技术始终不能取得突破，将会加重我国海水养殖业的种源风险，陷入“引进-养殖-退化-再引进”的恶性循环，使得海水养殖业难以实现可持续发展。

优质饲料供应环节存在缺口。在国际鱼粉价格、劳动力成本及能源价格不断上涨的背景下，提高渔用饲料资源利用率，研发和推广新型、环保配套饲料，是海水健康养殖业发展的基础。目前，我国许多水产品种的养殖主要依赖天然动物性饵料，成本高、效率低、卫生质量差，容易对养殖水域造成污染。为开发新型饵料，国内科研机构进行了大量研究，但由于我国起步较晚，开发利用技术仍比较落后，在饲料系数、质量稳定性、加工工艺、对水质的影响等方面的研究与国外仍存在一定差距，拥有自主知识产权的优质配套饲料品种较少，成套配方技术和产业化工程不能满足现实生产需求，适宜于不同生物、不同生长阶段的营养性添加剂和非营养性添加剂（抗生素、酶制剂、益生素及促生长剂等）等系列配套饲料多数依赖进口。若优质饲料供应缺口长期得不到弥补，将严重制约我国海水健康养殖业的发展。

健康养殖模式的推广面临多重约束。健康养殖模式是海水健康养殖业发展的核心环节。当前，工厂化循环水养殖、深水网箱养殖等典型海水健康养殖模式已在我国部分地区实现了推广，其经济和环境效益得到了充分验证。然而，受成本、管理水平、产业组织等多重因素制约，海水健康养殖模式的大范围推广仍面临诸多挑战。一方面，健康养殖设备的制造和运行成本以及深水网箱养殖的固定成本都比较高，制约着新模式的推广。例如，在鲆鲽类养殖中，养殖户购买一套高级循环水养殖设备至少要花费 60 万元，初中级循环水养殖设备的投资成本相对较低，但也需 30 万元左右，这对于那些无法获得贷款的养殖户来讲，无疑是一笔不小的开支。另外，深水网箱养殖海水鱼类的生产经营成本要高于传统木质网箱，在养殖品种、生产周期、经营规模基本相同的情况下，除在劳动生产率方面占有优势外，深水网箱养殖的生产经营安全率、投资回收期、生产费用产出率、成本利润率等几项指标均不及传统网箱养殖，从而影响了养殖户采用该养殖模式的积极性。

在传统海水养殖向海水健康养殖转型升级的过程中，除了要更新厂房和养殖设备等“硬件”设施外，生产管理、员工素质等“软件”要素也亟待升级。工厂化循环水养殖具有明显的工业属性，对电器自控、设施工程、环境工程和经济管理等专业技术和管理水平都有较高的要求，管理的精细化和复杂化程度远远超出传统养殖模式。然而，目前我国大部分养殖场都缺乏系统科学的养殖技术和管理规范，对从业人员的教育与培训明显滞后，现行的管理和技术水平难以满足实际生产需求，从而增加了新模式推广的难度。

三、对策建议

海水健康养殖模式是一种以人为本、以产业可持续发展为目标，实现养殖和环境协调发展的生产模式。针对我国海水健康养殖发展存在的主要问题，培育和发展海水健康养殖业的对策包括以下三方面：

第一，夯实并强化全国水产遗传育种技术协作网的平台功能。拓展全国水产遗传育种技术协作网的服务水平和范围，积极组织开展水产育种理论与技术研讨，进一步开展育种科研项目合作和协作、技术交流、培训与推广服务，包括设施建设和设备配套、育种方案、人员培训等。值得注意的是，在良种培育的理论与实践研究中，要注重保护和开发土著品种，加强大宗养殖品种的遗传改良。保护和开发土著品种不仅可以发挥我国水产学科优势，而且也可避免外来物种带来的生态风险。我国本土滩涂贝类可养种类很多，仅北方海区就多达十余种。除菲律宾蛤仔外，还有毛蚶、魁蚶、泥蚶、中国蛤蜊、四角蛤蜊、泥螺等。这些贝类大多适于潮间带养殖环境，已成为市场畅销的品种。通过开发土著品种和人工培育新品种，提高养殖对象的种质质量与选择空间，为满足市场需求提供种质资源保证。

第二，积极研发专属环保型配套饲料。营养全面的优质饲料使用和普及是海水健康养殖业技术进步的重要标志之一。从长期看，由于渔业资源的稀缺性和市场需求的增加，鱼粉价格上涨的趋势不会改变。为此，一方面针对重点养殖品种，从水产动物的营养生理角度出发，研究水产动物产品品质的营养控制技术，并关注添加剂和药物残留对食品安全的影响；另一方面，研究开发替代鱼粉原料的蛋白源。理论上菜粕、花生粕、棉籽饼等植物蛋白可以替代鱼粉，植物蛋白在水产饲料加工上的应用，不但能减少水产饲料加工企业对动物性蛋白原料的需求，还能促进水产饲料业向生态、低能耗的方向发展。

第三，多途径鼓励健康养殖技术的推广与应用。鉴于目前的技术条件，海水健康养殖设备的综合成本短期内不会明显降低，因此在产业发展过程中，应充分利用好国家的扶持政策，将海水健康养殖系列装备如工厂化循环水养殖设施、深水网箱及配套设备等与国家农业基础设施改造补贴、农机补贴等政策有机结合起来，减轻海水养殖企业的设备负担，促进海水健康养殖技术的推广应用。

在健康养殖技术的培训与推广过程中，应根据养殖主产区企业的基础条件和技术水平，因地制宜地进行分类指导，帮助企业构建科学合理的健康养殖模式。如鲆鲽类产品中半滑舌鳎、鲆鲽苗种等高附加值的生产对象，宜采用全循环水养殖系统，而对于循环水养殖成本接近于市场价格的大菱鲆的养殖，则鼓励采用“简化版”的循环水或半循环水模式。在海水健康养殖模式推广过程中，要大力培养既懂养殖技术，又懂精细化管理的高素质人才，提升高端养殖装备的生产效率。一是重视对渔业劳动者开展养殖技术、无公害生产技术、养殖装备操作及维护知识等生产技术的培训，提高企业员工内在素质与职业能力；二是建立有效的竞争机制和激励机制，做好专业型人才的引进工作；三要稳步提高员工福利水平，为员工负担社会、医疗、养老等保险费用，同时创造良好的工作氛围，促使企业员工将个人价值实现与企业长远发展相融合。

（2016 年 7 月 6 日）

多管齐下 高效推进海洋领域创新

刘 堃 刘容子

按照创新理论的经典释义，创新即重新组合生产要素，建立起新的生产函数，形成新的生产能力，获得潜在的利润。随着我国发展加快从要素驱动、投资驱动向创新驱动转型，创新有效供给不足的问题越来越突出。结合我国海洋事业发展实际，创新有效供给不足的问题尤为引人注意，特别是深水、绿色、安全等关键领域的核心技术自给率低，海洋科技成果转化源头供给不足，适应创新驱动发展的体制机制亟待健全完善。

《“十三五”国家科技创新规划》（以下简称《规划》），明确我国将加强海洋、极地空间拓展等关键技术突破，提升战略空间探测、开发和利用能力，为促进人类共同资源有效利用和保障国家安全提供技术支撑。这为推动海洋科技向创新引领型转变，促进海洋科技创新整体从量的积累迈入质的突破指明了新方向。以《规划》颁布实施为契机，要坚持以海洋科技创新为核心，推进海洋领域的全面创新，掀起海洋领域的创新高潮。

着力围绕产业链部署创新链。产业发展需要庞大的产业集群支撑。任何产业都是在一项或一组重大技术突破的基础上，形成一个技术集群，然后发展起来的。近年来，在一系列政策红利的影响下，我国沿海地区已形成了若干个大小不等、各具特色的海洋产业集群或海洋产业园区。但总的来看，各产业集群或者园区内具有系统集成和产业链领军能力的大型涉海企业过少，尚未形成上下游相互提升、竞争压力层层传导的集群创新机制。为此，要聚焦填补海洋生物育种、海洋生物医药、海水淡化、高端海洋设备与装备制造等高技术产业链条的发展短板，积极推进产业链协同创新和产业孵化集聚创新，改变单兵突进单环节、单企业、单项目的创新模式，探索把研发、生产、分配、交换、消费中的创新活动结合起来的有效途径，完善各类要素自由流动机制，促进各类创新要素不断优化组合，在部分沿海省市探索建立现代化、全过程、全链条创新模式。

高效推进海洋科技成果转移转化。在国家层面，从修订《促进科技成果转化法》，出台《实施〈促进科技成果转化法〉若干规定》，再到《促进科技成果转移转化行动方案》，已经形成了从修订法律条款、制定配套细则到部署具体任务的科技成果转移转化工作“三部曲”。延伸到海洋领域，要尽快编制出台促进海洋科技成果转化相关规划及其指导意见，积极落实《促进科技成果转化法》及其配套细则，充分结合海洋领域的特殊性与难点，对海洋科技成果转移转化做一个整体考虑和系统性部署。特别是要重视发展海洋科技服务业，重点发展研究开发、技术转移、检验检测认证、创业孵化、知识产权、科技咨询、科技金融等专业科技服务和综合科技服务，提升海洋科技服务对海洋科技创新和海洋产业发展的支撑能力。

务实打造开放型创新体系。海洋领域的创新天然具有开放性、国际性、全球化的特征。只有开放合作、取长补短，才能实现创新资源的最优配置。围绕21世纪海上丝绸之路建设，要充分整合利用全球创新资源，引导涉海企业、高校和科研院所建设国际化协同创新平台及国际技术转移中心，促进科技成果跨境转移转化。目前，具有创新、绿色、包容、可持续等特征的蓝色经济发展理念在许多沿海国家中已形成一定共识。今后要充分利用东盟海上合作基金、丝路基金、亚洲基础设施投资银行等相关财政金融机制支持蓝色经济领域建设，充分发挥海洋科技对蓝色经济发展的引领与保障作用。

（2016年9月21日）

海洋环境与资源

保护我国海洋生态环境
推动海洋生态文明建设

郑苗壮　刘　岩

“十三五”发展规划纲要对我国海洋生态环境保护提出了新要求。目前我国沿海地区发展不平衡，海洋空间开发粗放低效，海洋资源约束趋紧，海洋生态环境恶化的趋势尚未得到根本扭转。在国内经济社会发展结构性矛盾更加突显、经济下行压力增大的背景下，以保护海洋生态环境为抓手，加强体系建设和制度创新，推进海洋生态文明建设，对海洋治理现代化和海洋强国建设都具有重要意义。

海洋是我国经济社会发展的基础，近海及海岸带的海洋生态系统为国民的生产和生活提供了多种重要资源。沿海地区以13%的国土面积，承载了40%以上的人口，创造了约60%的国民生产总值，实现了90%以上的进出口贸易。在陆地资源日益枯竭的情况下，海洋是支撑中国经济社会可持续发展的必然选择。因此，加强海洋生态环境保护，牢固树立绿色发展理念，维护海洋对我国可持续发展的支撑，对我国海洋事业的发展十分重要。必须把海陆统筹作为海洋生态环境保护的指导思想，将其纳入国家中长期发展规划。整合近岸海域陆域各类功能区，以海洋主体功能区规划为基础统筹各类涉海空间规划，推进“多规合一”。实施主要入海河流的陆域海域综合管理行动计划，实现从陆地到海洋的整理规划和统一布局，落实一体化管理。尊重海洋自然规律，在对海洋科学认知的基础上，全面深入实施基于生态系统的海洋综合管理，统筹海洋开发与保护。

完善海洋生态环境保护制度，逐步构建系统完备的海洋生态文明建设的制度体系，建设美丽海洋，是时代赋予全面建成小康社会和建设海洋强国的新内涵和新任务。目前我国仍处于可以大有作为的重要战略机遇期，同时面临诸多矛盾叠加、风险隐患增多的严峻挑战。必须将海洋环境保护向污染控制和生态安全转变，近海空间利用向注重生态功能转变。建立健全重点海域污染物排海总量控制制度，制订重点海域污染物排海总量控制指标和主要污染物排海控制计划，落实各项海洋环境污染防治措施，使陆源污染物排海管理实现制度化、目标化、定量化。严格近岸海域和陆域开发建设项目的审批，建立健全规划环评与项目环评的联动机制，推进规划环评早期介入和全过程参与。坚持集约节约用海，控制围填海计划，把自然海岸划定为生态红线，编制海岸线保护与利用规划，推动海岸线管理立法。推进海洋生态建设和整治修复，重点实施“蓝色海湾”整治工程、“南红北柳”生态工程和“生态岛礁”修复工程，构建海洋生态廊道和海洋生物多样性保护网络。加强海洋环境突发事件应急管理，识别海洋生态环境安全风险，编制危化学品应急预案，建立赤潮（绿潮）联防联控机制，加强对海洋环境灾害的有效应对和处理，使安全风险管理业务化、制度化。在国家管辖范围以外区域履行海洋生态环境保护责任，积极展示负责任大国的国际形象，加紧制定《深海海底区域资源勘探开发法》的实施细则和配套措施，推进南极地区环境保护立法。

保护海洋生态环境，建设海洋生态文明是国家长远发展战略。加强海洋生态环境保护执法，以“海+渔”为切入点，推进地方近岸海域综合统一执法。推进海洋环境保护的海洋督察，推进陆域海域一体化联动督察机制。发展“绿色”海洋工程技术装备，开展海洋资源开发的环境保护技术研究，推动海洋科技在海洋资源开发、环境保护领域的支撑作用。平衡海洋资源开发与生态环境保护，坚持可持续发展、海陆统筹的基本原则，形成人与海洋和谐发展的现代化建设新格局，推进海洋生态文明建设和海洋强国建设，为我国全面建成小康社会做出更大贡献。

（2016年4月20日）

建立完善的海洋生态补偿机制

郑苗壮　刘　岩

近年来，我国和沿海地方政府高度重视海洋生态建设和保护工作，制定和采取了一系列政策措施，有效地改善了我国海洋生态环境。但是海洋生态环境保护的形势依然不容乐观，为防止海洋生态环境的进一步恶化，鼓励海洋生态环境的保护与建设，建立完善的海洋生态补偿机制已成为亟待破解的课题。

一、海洋生态补偿的主要手段

财政转移支付。我国自1994年实施分税制以来，财政转移支付成为中央平衡地方发展和补偿的重要途径。自2010年起，我国相继开展了海域海岸整治修复工程和海岛的整治修复工程，有效保护海洋资源环境，提升资源环境承载能力。财政转移支付为生态补偿提供了资金保障，通过依靠财政转移支付政策，从制度上制定与保护海洋生态环境相关的生态补偿支出项目，用于保护和利用海洋资源。

专项基金。专项基金是我国开展海洋生态补偿的重要形式，由国家或地方财政专辟资金，对有利于海洋生态保护和建设的行为进行资金补贴和技术扶助。如：中央海岛保护专项资金用于海岛的保护、生态修复。捕捞渔民转产转业专项资金用于吸纳和帮助转产渔民就业、带动渔区经济发展、改善海洋渔业生态环境的项目补助。

重点工程。政府通过直接实施重大海洋生态建设工程，不仅可以直接改变项目区的生态环境状况，而且为项目区的政府和民众提供了资金、物资和技术上的补偿。海洋自然保护区、海洋特别保护区、海洋公园以及海洋生态文明示范区建设，对于引导当地居民转变生产生活方式、减轻生态环境压力具有重要的积极意义。

资源税（费）。征收资源税（费）是“使用者付费”原则的体现，一方面为资源保护提供一定的资金支持，实现资源的稀缺价值；另一方面则通过资源价格的变化，引导经济发展模式。2011 年我国修订的《对外合作开采海洋石油资源条例》规定开采海洋石油资源征收资源税。《中华人民共和国渔业法》和《渔业资源增殖保护费征收使用办法》对渔业资源增殖征收保护费作出了相关规定。

排污收费制度。排污收费制度是“污染者付费”原则的体现，可以使污染防治责任与排污者的经济利益直接挂钩，促进经济效益、社会效益和环境效益的统一。2000 年新修订的《中华人民共和国海洋环境保护法》明确规定直接向海洋排放污染物的单位和个人，必须按照国家规定缴纳排污费，以法律的形式建立海洋排污收费制度。《海洋工程排污费征收标准实施办法》，确定了我国海洋工程排污收费的制度和标准。

倾倒收费制度。倾倒收费制度是指一切向海洋倾倒废弃物者，都必须按照国家有关规定，缴纳用于补偿海洋环境污染的费用。依据 1982 年《中华人民共和国海洋环境保护法》我国建立了海洋倾废许可证制度。海洋倾倒收费制度在激励海洋开发工程建设减少污水排放，促进排污企业加强污染治理，节约和综合利用资源，促进海洋环境保护事业的发展过程中发挥了重要作用。

二、海洋生态补偿存在的问题

法律制度有待完善。我国涉及海洋生态补偿的法律法规很多，但是没有海洋生态补偿的专门立法，涉及海洋生态补偿的法律规定分散在多部法律之中，缺乏系统性和可操作性，也无法为我国海洋生态补偿实践提供指导和依据。现存的法律以收费为主，未能发挥经济手段在补偿中的作用。海洋生态补偿法律体系存在结构性缺陷，各项单行法不统一，其权威性和约束力不足。

产权制度缺失。明确海洋生态补偿的利益相关方必须以界定产权为前提，产权不够明晰制约海洋生态补偿机制的建立。当前，我国虽然在海域使用权方面已通过立法形成了制度，但是全面的海洋资源产权制度体系还未建立。产权制度缺陷导致海洋资源使用权的获得者缺乏追求使用效率的激励和约束，海洋资源的配置无法达到最优状态。

补偿方式单一。我国海洋生态补偿主要是政府主导，以行政手段的强制性及宏观性解决海洋生态补偿问题。补偿方式主要是财政转移支付和专项基金等政府手段。企事业单位投入、优惠贷款、社会捐赠等其他渠道明显缺失。单一的投融资渠道很难保障海洋生态补偿制度的进一步推进。海洋生态补偿的市场化手段缺乏，严重制约了我国海洋生态补偿工作的实施。一对一交易、排污权交易和生态标签等市场交易体系尚处于探索阶段，并未形成正式的制度安排。

技术支撑不到位。海洋生态补偿标准体系、海洋生态服务价值评估核算体系、海洋生态环境监测评估体系等建设滞后，有关方面对海洋生态系统服务价值测算、海洋生态补偿标准等问题尚未取得共识，缺乏统一、权威的指标体系和测算方法。

三、健全海洋生态补偿机制的建议

健全海洋生态补偿法律体系。通过完善立法，健全海洋生态补偿长效机制。修订《中华人民共和国海域使用管理法》对海域使用权制度及征收海域使用金的规定。海域使用金是国家作为海域的所有者出让海域空间使用权应当获得的收益，不应包括将对海洋自然的占用及损害。修订《中华人民共和国海洋环境保护法》对海洋生态补偿的规定。按照“谁开发谁保护，谁收益谁补偿”的原则，实施海洋生态建设和生态修复，对失去发展机会的社会机构、法人、自然人应进行补偿，对为保护海洋生态而转产转业的法人、自然人给予补助。加快研究起草生态补偿条例，明确海洋生态补偿的基本原则、主要领域、补偿范围、补偿对象、资金来源、补偿标准、相关利益主体的权利义务、考核评估办法、责任追究等。

建立海洋生态损害赔偿责任制度。建立海洋生态环境保护责任追究和环境损害赔偿制度，确保海洋生态环境保护法律责任、行政责任、经济责任的“三重落实”，是保障保护海洋生态环境，维护公众环境权益的必然要求，同时也是制裁环境违法行为的要求。科学确定海洋生态环境保护责任追究和环境损害赔偿的原则，以及追溯时效。明确规范环境损害赔偿的范围和操作程序。加紧建立第三方鉴定评估机构和专业队伍，健全工作机制，尽快形成实际工作能力。

深化海洋资源产权制度。建立和完善海洋资源产权的所有权代理的制衡和激励机制，避免出现“政府代理失效”，应通过建立权力制衡机制来规制代理者，还要通过绿色政绩考核体系的建设来形成对各级海洋资源国家所有权的代理者的激励机制。对海洋资源的产权进行明确和清晰的界定，明确界定各种行为权利的归属，通过海洋资源产权制度的法律安排来规定其使用的责、权、利关系。

开展多元化补偿方式探索和试点工作。充分应用经济手段和法律手段，探索多元化生态补偿方式。增加资源税等一般性财政收入向海洋生态补偿的倾斜力度，完善国家支持扶持政策，引导和鼓励沿海地方通过税收优惠、绿色信贷等方式推进海洋生态补偿工作。积极运用私人交易、排污权交易、生态标签等补偿方式，探索市场化补偿模式，拓宽资金渠道。开展海洋生态补偿示范区建设，设立海洋生态补偿基金，在山东、福建、广东等省海洋自然保护区、海洋特别保护区、海洋公园和海洋生态文明示范区等开展海洋生态补偿试点。

完善海洋生态补偿技术体系。完善海洋生态系统服务功能分类、量化和价值计算指标体系，建立海洋生态补偿量的核算指标体系，用制度强化的方法明确海洋生态补偿量时应核算的指标及核算的方法。加强海洋生态环境监测，完善海洋生态损害评估体系，建立海洋生态补偿标准。建立海洋生态补偿价值评估资质审查制度，管理并监督海洋生态补偿价值核算业务。

提升全社会海洋生态补偿意识。在不断强化公众的海洋生态文明理念的基础上，国家和各级政府要推动社会各阶层积极参与海洋生态补偿，使海洋生态补偿的意识深入人心。加强海洋生态补偿宣传教育力度，确立生态优先的发展理念，使海洋生态保护者和生态受益者以履行义务为荣、以逃避责任为耻，自觉抵制不良行为。引导全社会树立生态产品有价、保护生态人人有责的意识，营造珍惜海洋环境、保护海洋生态的氛围。维护公众的环境清洁权、环境安静权、环境知情权、环境监督权和环境索赔权等海洋生态环境权益，推动公众参与海洋生态补偿进程实施。

（2015年3月10日）

坚持绿色发展理念 推进海洋生态文明建设

郑苗壮

党的十八届五中全会首次提出了创新、协调、绿色、开放、共享五大发展理念，把绿色发展作为五大发展理念之一，这与党的十八大将生态文明纳入“五位一体”总体布局是一脉相承的。在海洋领域落实绿色发展理念，是实现海洋生态文明建设的必然选择，也是到2020年全面建成小康社会的必然要求。这就要求在海洋资源开发利用过程中，尊重海洋的自然规律，以海洋环境承载能力为基础，不断提升海洋资源集约节约和综合利用效率，实现海洋可持续发展，形成人海和谐的现代化建设新格局。

以人为本，以海为源，促进人海和谐共生。有度有序利用海洋，科学划定海洋生态保护红线。完善海洋生态保护红线的控制指标及配套管控措施，在全海域实施海洋生态保护红线制度，构建海洋生态安全格局。发挥海洋生态文明示范区的创新示范效应，完善海洋生态文明示范区建设推进机制和保障机制。推动海洋产业绿色转型，支持海洋重化工等产业的生产工艺和流程绿色化、低碳化，鼓励新兴海洋产业绿色发展。

优化海洋开发布局，加快海洋主体功能区建设。落实《全国海洋主体功能区规划》，推动环渤海、长三角、珠三角等优化开发区域海洋产业结构向高端高效发展，逐年减少建设用海增量；在具有重要海洋生态功能的限制开发区，实行海洋产业准入负面清单。做好与陆地主体功能区划的协调，以海洋主体功能区规划为基础统筹各类涉海空间性规划，推进“多规合一”。科学谋划海洋开发，规范开发秩序，提高开发能力和效率，推动海洋开发方式向循环利用型转变。

坚持可持续发展，推动海洋产业低碳循环发展。加快国家能源结构调整，培育和发展海洋可再生能源产业。完善海洋可再生能源相关价格政策和创新补贴机制，促进就近消纳和资源优化配置，建立鼓励有效开发的税收和财政转移支付制度。因地制宜推进海洋可再生能源建设，解决偏远海岛生活用能问题。有序开放海洋油气资源的开采权，打破削弱行业垄断。主动控制船舶温室气体排放，发展绿色船舶产业。

全面节约和高效利用海洋资源，构建科学、高效、绿色海洋开发格局。统筹陆海资源配置、经济布局、环境保护和灾害防治统筹。开发强度与开发效率，统筹近岸开发与远海空间拓展。从整体性、长远性和战略性布局，促进海洋资源有序开发、有效利用，实现海洋资源的合理开发与可持续利用。坚持集约节约用海，强化围填海及重大建设项目用海管理，规范海域使用秩序。推行直接利用海水作为循环冷却等工业用水，加快推进淡化海水作为生活用水补充水源。

完善海洋环境治理体系、提高海洋环境治理能力。以提高海洋环境质量为核心，实行最严格的海洋环境保护制度，形成政府、企业、公众多元共治的海洋环境治理体系。推进多污染物排海综合防治和海洋环境治理，建立由山顶到海洋的一体化污染治理体系。建立重点海域污染物排海总量控制制度，规范入海排污口设置。强化海上排污监管，建立海上污染排放许可证制度，严格海洋环境保护执法。

积极保护生态空间，筑牢海洋生态安全屏障。坚持保护优先、自然恢复为主，实施海岸带和海岛生态保护和修复工程，构建海洋生态廊道和海洋生物多样性保护网络，全面提升海洋生态系统稳定性和生态服务功能。开展蓝色海湾整治行动，严格海岸工程和海洋工程管理。建立海洋环境应急管理体系，采取科学、系统和规范的方法，对海洋生态环境安全风险进行识别，加强对海洋环境灾害的有效应对和处理，使安全风险管理业务化、制度化。

（2015 年 11 月 30 日）

解读公海生物多样性保护的最新进展

刘　岩　李明杰

近年来，国家管辖以外海域的生物多样性保护与可持续利用问题成为国际海洋事务的热点问题，相关国际组织和沿海国家均予以高度关注。日前，在印度海德拉巴召开的《生物多样性公约》（以下简称《CBD 公约》）缔约方大会第 11 次会议上，相关国际组织和沿海国家代表就公海生物多样性保护议题进行了激烈的讨论和磋商，形成了一些关于国家管辖外海洋生物多样性保护的共识。

一、《区域报告》或为公海保护区划定基础

根据本次会议议程，会议就“查明具有生态和生物重要意义的海洋和沿海地区”议题，对《CBD 公约》秘书处提交的《查明具有重要生态和生物意义海洋区域的区域总结报告》（以下简称《区域报告》）进行了审议，该报告概述了西南太平洋、大加勒比海和中大西洋西部等区域研讨班成果，并作为资料介绍了《保护地中海海洋环境和沿海区域巴塞罗那公约》框架内开展的工作成果。

鉴于各方所持观点和立场的不同，能否通过该报告成为各方关注的焦点问题。有关该报告存在的争议主要分为两大阵营：一是欧盟、加拿大、澳大利亚等要求批准该报告，并确定更多的重要海洋区域；二是墨西哥、阿根廷、日本等强调应在联合国大会和《联合国海洋法公约》（以下简称《公约》）框架下讨论国家管辖范围以外的生物多样性的保护和可持续利用。

《CBD 公约》第 11 次缔约方大会最后决定将该报告纳入文件库，并向联合国大会（以下简称“联大”）以及联大国家管辖外海与生物多样性可持续利用特设非正式工作组提交。尽管大会没有批准该报告，但鉴于《CBD 公约》的影响力，笔者认为，该区域总结报告不仅将对联大框架下

的相关谈判带来复杂影响，而且可能加快公海保护区建立的进程，其所描述的“具有生态和生物重要意义的海洋和沿海地区”可能成为将来公海保护区选择和划定的基础。对此，我国应予以高度重视，及早准备预案，积极稳妥应对。

二、《区域报告》促使各国加紧争夺话语权

目前，国家管辖以外地区海洋生物多样性保护已成为国际海洋事务的热点问题。各沿海国纷纷意识到，国家管辖以外地区海洋生物多样性保护将是未来国际海洋新秩序建立的重要领域，因而也将成为世界主要海洋国家争夺话语权的平台。这主要表现在：一是美国、日本、俄罗斯等海洋强国因其所具备的海洋高技术装备和军事力量的绝对优势，以及维护本国在全球海洋利益的需要，主张在《公约》现有制度框架下，坚持公海自由、先来先得的原则，来讨论和处理国家管辖范围外海洋生物多样性问题。二是欧盟等国家充分利用其绿色技术优势，加快推动对“国家管辖外海域的生物多样性保护和可持续利用”设定边界的步伐，力争主导国家管辖以外海域利益分配格局和话语主导权。三是巴西、印度等新兴经济体国家积极参与区域相关海洋事务研讨，不断提升其在地区的影响力和控制力。

总的来说，国际社会的主流观点认为应以《公约》为主，讨论和解决国家管辖以外地区海洋生物多样性保护的相关问题，《CBD 公约》在提供科学和技术咨询建议等方面予以支持。如果《区域报告》将来得到授权和批准，那么在《CBD 公约》框架下，该报告将具有很大效力。

鉴于此，一些主要海洋国家纷纷通过积极主办或支持举行区域研讨会等手段和形式，来争夺在该议题上的话语权。例如，虽然日本、俄罗斯与美国的立场相一致，反对就国家管辖外海洋生物多样性保护问题建立新的制度，但是日本政府还是对西南太平洋、南印度洋、热带和温带太平洋东部地区等区域该议题研讨会予以财政支持；俄罗斯将举办 2013 年的北太平洋阐明该议题的区域研讨会；巴西积极参与加勒比海和西南大西洋的区域研讨会，先期组织 50 多位海洋专家开展该区域的《区域报告》的数据分析整合，提出具有重要生态和生物意义的海洋区域，同时主持该议题区域研讨会，因而在该区域的研讨班上具有重要话语权；印度正在与《CBD 公约》秘书处协商，准备举办北印度洋、红海和亚丁湾等阐明该议题的区域

研讨会。

笔者认为，虽然有美国、日本、俄罗斯等海洋大国的反对，但从目前的形势发展趋势来看，以生态系统为基础的国家管辖外海域的保护与管理制度的建立是大势所趋。一旦这一制度建立，就如同目前的200海里以外大陆架制度一样，沿海国又会展开新一轮的海洋圈地运动。这一制度将对目前的国际海底区域管理制度、海洋自由航行制度、深海基因资源开发利用以及海洋生态环境保护制度都将产生巨大的影响，进而将影响全球海洋利益格局。

链接：CBD公约与公海生物多样性保护

1993年12月29日正式生效的《CBD公约》是一项旨在保护地球生物资源的国际性公约，目前共有193个缔约方，中国于1992年6月11日签署该公约。截至2009年，《CBD公约》在国际履约层次上已形成由缔约国大会、科技咨询附属机构会议（科咨机构）、特设工作组会议以及技术专家组会议等构成的会议制度与履约机制。《CBD公约》缔约方大会是全球履行该公约的最高决策机构，一切有关履行《CBD公约》的重大决定都要经过缔约方大会通过。

《CBD公约》高度关注国家管辖以外地区的海洋生物多样性保护和可持续利用问题。1995年召开的缔约方第二次大会要求其执行秘书处与联大海洋法和海洋事务部门协调，开展关于深海床生物基因资源的保护和可持续利用的《CBD公约》与《公约》之间关系研究。

此后，2004年的缔约方第7次大会，提出包括关于海洋保护区和公海生物多样性保护在内的海洋生物多样性新议题，强调国际社会迫切需要开展合作和采取行动以改善国家管辖外海域的生物多样性保护和可持续利用。2006年的缔约方第8次大会确认CBD公约在支持联大开展国家管辖外海域的生物多样性保护和可持续利用方面具有关键性作用，其中重点是提供科学以及（酌情包含）技术性信息和咨询意见。2008年缔约方第9次大会决定采纳科学标准确定EBSMAs（即“查明具有重要生态和生物意义的海洋区域”），以保护公海和深海海洋生物栖息地。

2010年缔约方第10次大会要求执行秘书处组织一系列区域研讨会，主要目的是应用科学准则及国家和政府间商定的与之互补的其他有关科学

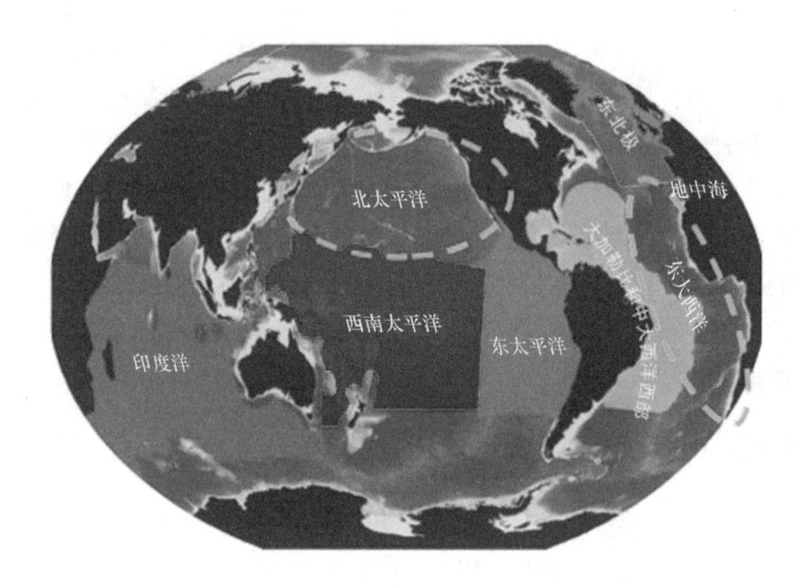

准则，确定并应用 EBSMAs 的科学指南，进一步描述 EBSMAs。执行秘书处在 2011 年和 2012 年间组织举办了一系列区域研讨会，描述符合 EBSMAs 科学标准的区域（见上图）。2013 年和 2014 年该秘书处还将举行尚未描述区域 EBSMAs 的研讨会。

（2013 年 3 月 13 日）

提高海洋资源开发能力　为全面建成小康社会做出更大贡献

刘　岩

党的十八大报告提出了到2020年全面建成小康社会的宏伟目标。但目前我国在发展中不平衡、不协调、不可持续的问题依然突出，资源环境约束加大，转变经济发展方式和全面建成小康社会任务艰巨。中国是陆海兼备的大国，海洋与中华民族的生存和发展息息相关。在国内外环境日趋复杂、发展空间受到挤压的当前，十八大提出的“提高海洋资源开发能力，坚决维护国家海洋权益，建设海洋强国”，对于全面建成小康社会意义重大而深远。

提高海洋资源开发能力，建设海洋强国，是全面建成小康社会的重要基础和保障。海洋是我国全面建成小康社会的重要空间载体。中国正处于与世界经济同步转型的进程中，已成为深度融入经济全球化、区域一体化、高度依赖海洋的开放型经济体系，对海洋资源、空间的依赖程度大幅提高。我国陆地国土有685万多平方千米是西部大高原区域，生态环境脆弱，高效国土面积较小，开发成本高，需要以海补陆。但中国面临的海洋空间被岛链封锁，管辖海域面积相对较小，因此拓展国家管辖海域外的海洋权益，谋求全球海洋的支撑，对我国海洋事业的发展十分重要。我们必须提高海洋资源开发能力，分享更多的海洋利益，使海洋成为全面建成小康社会的重要战略空间和资源基地，最终把我国建成新型的海洋强国。

提高海洋资源开发能力，构建科学、高效、绿色海洋开发格局，建设海洋生态文明，是时代赋予全面建成小康社会和建设海洋强国的新内涵和新任务。经济持续健康发展，资源节约型和环境友好型社会建设取得重大进展，推进生态文明建设，是全面建成小康社会和建设海洋强国的基本特征和要求。海洋是人类实现可持续发展的宝贵财富。当今，世界海洋资源开发进入了新时代，开发范围从近浅海逐步向深远海迈进；开发方式从粗放式向集约化、精细化、综合利用的高效方向转变；以低碳、安全为核心的绿色开发成为时代的主流。未来我国必须顺应国际海洋开发的新趋势，构建海洋资源科学开发管理体系，要注重提高海洋资源开发能力，促进绿色开发，提高海洋经济的国际竞争力；要注重海洋开发空间格局的优化，统筹陆海资源配置、经济布局、环境保护和灾害防治；统筹开发强度与开发效率，统筹近岸开发与远海空间拓展，构建寓海洋权益拓展与生态安全于一体的海洋开发空间格局。

海洋工程和科技是提高海洋资源开发能力、建设海洋强国的重要支撑力量。世界海洋强国历来十分重视发展海洋工程和科技，形成了系统的海洋工程和产业。中国要提高海洋资源开发能力，成为新时代的世界强国，应该像发展航天工程一样，大力发展海洋科技和工程。一是要开展深远海调查研究，跟踪和探索海洋领域重大科学问题，不断深化对深海大洋、南北极的科学认识，为应对全球气候变化和人类和平利用海洋做出贡献；二是要大力发展海洋绿色开发技术装备，进一步研发具有知识产权的深水油气勘探和安全开发技术，加强海水淡化技术和海洋可再生能源利用新技术的开发，加快推进海岛和深远海资源的勘探开发；三是要大力开展近岸海洋资源开发的环境保护技术研究，加快发展环境监测技术装备，逐步实现对我国海岸和近海海域、主张管辖海域的综合管控。

提高海洋资源开发能力，建设海洋强国，是国家长远发展战略。未来海洋资源开发战略，要以维护海洋权益和支撑经济社会可持续发展为宗旨，坚持陆海统筹、可持续发展、科技创新和合作共赢的基本原则，合理开发我国海洋资源，合法利用全球海洋资源，为我国全面建成小康社会，为人类建设和平之海、合作之海、和谐之海做出更大贡献。

（2012 年 11 月 16 日）

全力治理近海海洋生态环境

刘　岩

众所周知，我国大陆岸线1.8万千米，500平方米以上的岛屿7300多个，主张管辖的海域总面积约300万平方千米，渔能港景资源丰富，生态类型多样。这些都是我们沿海地区赖以生存、赖以发展的基础。同时，海洋生态的丰富性也为人类提供了巨大的服务价值。

但是，我们应该警惕的是，我国的海洋生态环境问题不容乐观。首先，我国近海生态环境形势持续恶化。与20世纪80年代初相比，我国海洋生态与环境问题发生了深刻的变化，在类型、规模、灾害和资源等几大方面问题共存。这些问题相互叠加、相互影响，表现出明显的系统性、区域性、复合性。从污染方面来看，近海环境污染呈现交叉复合态势，危害严重，防控难度加大。

其次，生态退化严重。珊瑚礁、海藻床、湿地等大量锐减，关键生态资本存量急剧下降，生态大面积退化，生态系统健康受损，直接制约了海洋经济的健康发展。据有关检测数据统计，我国近岸海域的生态环境近80%处于亚健康状态，人工岸线达到60%左右。同时，渔业资源逐渐枯竭、种群数量减少。

再次，应对海洋自然灾害的能力亟待增强。目前，海洋环境灾害频发，海洋开发潜在风险高。仅2012年，自然灾害在中国近海就造成近155亿元的直接经济损失。此外，近海开发如大型火电厂、核电站、炼油厂、化工厂等都集中建在沿海地区，存在着巨大的潜在风险。

习近平总书记谈道，“要保护海洋生态环境，着力推动海洋开发方式向循环利用型转变。要下决心采取措施，全力遏制海洋生态环境不断恶化趋势，让我国海洋生态环境有一个明显改观，让人民群众吃上绿色、安全、放心的海产品，享受到碧海蓝天、洁净沙滩”。这既是美丽中国建设的一部分，也是建设洁净健康海洋的终极目标。这既是一个系统的工程，也需要一个漫长的过程，需要全社会、全体人民的共同努力。

对于我国近海海洋生态环境治理，建议：一是借鉴发达国家的管理经验，加强区域环境管理立法，实施以生态系统为基础的海洋综合管理；二是坚持陆海统筹、河海一体，建立从山顶到海洋的综合管理体系，重点海域以海定陆；三是坚持生态力就是生产力的理念，坚持绿色发展、转型升级，实施生态红线，保护自然的再生产能力和生态安全格局；四是建设海洋生态文明，建立倒逼机制，强化政府和企业的责任；五是提高防灾减灾能力，提升应对气候变化、石油和核污染等新型重大污染事件的处置能力。

（2013年11月19日）

开展国际合作　用好海洋资源
保护海洋环境

郑苗壮

2014 年，我国积极与相关国家发展海洋合作伙伴关系，携手打造命运共同体、利益共同体、责任共同体，周边海洋资源与环境领域的形势总体向好。但同时也要看到，目前国际海洋形势复杂多变，国际海洋秩序和全球海洋治理正在酝酿深刻变革。

一、与相关国家海洋合作良性健康发展

2014 年，我国充分发挥主场外交优势，成功举办 APEC 第四届海洋部长会议，通过了《厦门宣言》，在海洋生态环境保护和防灾减灾等领域形成诸多共识，极大地提升了影响力。在建设 21 世纪海上丝绸之路战略指引下，我国积极开展与沿线国家海洋领域的合作与交流，与希腊、澳大利亚、新西兰、斯里兰卡、马尔代夫等国签署合作文件，加强在海洋资源开发与环境保护等方面的国际合作。

我国也注意加强海洋领域的南南合作，与斐济、巴布亚新几内亚、瓦努阿图、密克罗尼西亚、萨摩亚、汤加、库克群岛、纽埃等南太平洋小岛屿国家，开展海洋领域应对气候变化、环境保护等方面的合作，欢迎各国搭乘“中国发展列车”。

我国还切实深化与亚洲邻国的海洋合作，推动中国-泰国海洋联合实验室和中国-印度尼西亚海洋与气候联合研究中心及观测站建设，《中马海洋领域合作规划》及《中韩海洋领域合作规划》编制等。

二、国际海底区域资源勘探开发进程加快

2014 年，我国积极参与国际海底区域矿产资源的勘探开发活动。中国大洋矿产资源研究开发协会与国际海底管理局签订了位于西北太平洋 3000

平方千米的富钴结壳勘探合同，中国五矿集团也向国际海底管理局提交了CC区多金属结核勘探工作计划的申请。

目前，国际上已有17个勘探合同覆盖大西洋、印度洋和太平洋约90万平方千米的海底，其中12个合同涉及多金属结核勘探，3个合同涉及多金属硫化物勘探，2个合同涉及富钴结壳勘探。国际海底管理局已经批准了26份勘探工作计划，其中2014年核准了7份勘探矿区申请，国际海底区域资源的勘探开发进程明显加快。

三、海洋资源环境领域酝酿新规则

近年来，联合国大会国家管辖外海域生物多样性工作组、联合国大会海洋和海洋法问题非正式磋商进程、《联合国海洋法公约》缔约国会议、《生物多样性公约》缔约国会议等国际平台，纷纷加强对海洋资源与环境领域相关问题的讨论。

2014年，国家管辖外海域生物多样性养护和可持续利用问题的相关规制框架磋商和形成处于关键时期，新规则正在酝酿之中。总体而言，发展中国家更多地关注海洋遗传资源利用的相关问题，希望通过制度设计，制约发达国家抢先独占海洋遗传资源。欧盟则更关注通过建立公海保护区等措施，达到主导全球海洋治理的利益诉求。美国、日本等海洋科技发达国家坚持先到先得、公海自由，希望通过申请专利等手段，垄断海洋遗传资源的发现和利用，反对利益共享，反对制定新的国际规则。

海洋保护区既是保护海洋环境的有效管理工具，也是一些国家或利益集团借保护之名，行划定新势力范围之实的新举措。一些国家在海外领地的专属经济区内设立海洋保护区，是投射国家力量、强化实际管控的重要手段。美国、法国等国相继在海外领地建设大型的海洋保护区，或将带动其他国家群起效仿，变相扩大本国的管辖权，削弱其他沿海国本应享有的权利。

我国既是陆地大国，也是海洋大国，坚持亲诚惠容的外交政策，与周边国家发展良好的海洋合作伙伴关系。建设海洋强国和21世纪海上丝绸之路，既是为了我国的和平发展，也是为了助力国际海洋事务发展，与世界分享海洋惠益，保护、利用好海洋资源与环境。

（2015年2月2日）

建立“源头严防”的制度体系

郑苗壮　刘　岩

建设生态文明，关系人民福祉，关乎民族未来。根据十八届三中全会《关于全面深化改革若干重大问题的决定》，按照“源头严防、过程严管、后果严惩”的总体思路，以推进海洋生态文明、建设美丽海洋为根本指向，牢固树立保护海洋生态环境就是保护生产力、改善海洋生态环境就是发展生产力的理念，加快推进海洋生态文明体制改革，有步骤、分阶段建立健全海洋生态文明制度体系。

海洋生态文明体系建设应该从建立“源头严防”的制度体系、建立“过程严管”的制度体系、建立“后果严惩”的制度体系以及对策建议四大方面入手。

此篇，先具体阐述“源头严防”制度体系的建立。源头严防，是建设海洋生态文明、建设美丽海洋的治本之策。“源头严防”要从6个方面加强制度建设。

一、健全海洋资源资产产权制度

海洋资源资产产权制度是海洋生态文明制度体系中的基础性制度。产权是所有制的核心和主要内容。我国宪法中规定，除法律规定的属于集体所有的滩涂外，其他的海洋资源归国家所有。《中华人民共和国海域使用法》明确指出，海域属于国家所有。海洋资源的所有权似乎是清晰的。但是长期以来，国家所有权缺乏人格化的代表，在实际的经济运行中是虚化模糊的，表现在其所有权和使用权的泛化和管理的淡化上。在产权不具有排他性的情况下，对海洋资源的开发利用和保护的权、责、利关系就无法确定。确需加强对滩涂、海域等海洋资源的确权登记，建立归属清晰、权责明确、保护严格、流转顺畅的现代海洋资源资产产权制度。

二、建立海洋资源资产管理体制

我国长期以来未对海洋资源进行有效的资产化管理，致使海洋资源开发现状与海洋资源的可持续利用出现了尖锐的矛盾。对海洋资源的无偿使用，使经济效益评价失真。随着海岸线、滩涂等海洋资源的短缺和海洋生态环境的破坏，海洋资源的资产属性越来越明显，市场价值不断攀升。海洋资源和海洋生态空间的未来价值，对国家生存发展的意义越来越重大。建立国家海洋资源资产管理体制，就要做到所有者和管理者分离，以综合管理代替分行业分部门的传统管理模式。必须建立以制度为保障、资产为纽带、经济效益和社会效益相统一的海洋资源资产管理机制，对海洋资源资产的数量、范围和用途统一管理，实现权利、责任、义务相统一，确保海洋资源的可持续利用和海洋经济的可持续发展。

三、完善海洋主体功能区规划制度

海洋主体功能区规划是科学开发海洋国土空间的行动纲领和远景蓝图，是海洋国土空间开发的战略性、基础性和约束性规划，是建设美丽海洋的一项基础性制度。要根据陆地国土空间与海洋国土空间的统一性，以及海洋系统的相对独立性进行规划，促进陆地国土空间与海洋国土空间协调开发。目前，我国海洋局部开发过度与总体开发不足的矛盾仍将长期存在，海洋产业结构性矛盾突出，沿海地区间产业趋同性严重。在充分考虑维护我国海洋权益、海洋资源环境承载能力、海洋开发内容及开发现状，并与陆地国土空间的主体功能区相协调的基础上，加快完善我国海洋主体功能区规划制度。

四、落实海域用途管制

我国已建立严格的耕地用途管制，但对海域、滨海滩涂等生态空间还没有完全建立用途管制。海域用途管制最有效、最直接的手段是实施海域使用规划，所有海域都必须按照海域使用规划开发利用。这一点是不以海域权利人的意愿为转移的，应由全社会利益来确定，是由政府代表全社会实行的一项强制性的制度。在我国近年的海域使用管理过程中，由于海域使用管理机制的计划性太强而机动性不足，加之国家迟迟未推出海域使用规划，导致部分海域使用不合理。要按照海洋与中华民族是命运共同体的基本原则，建立覆盖全部管辖海域的海域使用规划，严格执行海域用途管制制度。

五、建立健全海洋保护区网络体系

海洋保护区作为一种预防性的海洋综合管理工具，是应对海洋环境污染、生物多样性丧失、资源衰退及生境丧失等海洋生态系统压力的重要手段。我国海洋保护区的建设已取得明显成效，初步建立了以海洋自然保护区、海洋特别保护区和海洋公园为主体的海洋保护区网络体系。红树林、珊瑚礁等典型生态系统和珍稀濒危物种得到有效保护，对减缓和控制海洋生态恶化起到了重要的作用。但是，目前我国海洋保护区网络体系有待进一步健全，海洋生物多样性养护能力不足，保护区面积小，部分典型生态系统和珍稀濒危海洋物种及栖息地仍受到威胁。应建立健全海洋保护区网络体系，强化海洋保护区的监督管理和提高海洋保护区管理水平，建立海洋保护区管理绩效评估体系，制止保护区内的不合理的开发利用。

六、加快海洋生态文明示范区建设

海洋生态文明示范区建设对于促进海洋经济发展方式转变，提高海洋资源开发、环境保护、综合管理的管控能力和应对气候变化的适应能力，推动我国沿海地区经济社会和谐、持续、健康发展具有重要的战略意义。按照“统筹兼顾、科学引领、以人为本、公众参与、先行先试”原则要求，山东省、浙江省、福建省和广东省的12个市、县（区）成为我国首批国家级海洋生态文明示范区。但是，当前我国海洋生态文明示范区建设尚处于起步阶段，海洋生态文明示范区建设推进机制和保障机制尚未有效建立、地区间海洋生态文明建设水平和质量差异较大等问题突出。目前，亟须加快海洋生态文明示范区建设，发挥示范区的创新示范效应，提高海洋生态文明建设水平，实现海洋生态环境与经济社会的和谐发展。

（2015年4月9日）

建立“过程严管”的制度体系

郑苗壮　刘　岩

过程严管，是建设海洋生态文明、建设美丽海洋的关键。“过程严管”的制度体系要加强4个方面的制度建设。

一、健全海洋资源有偿使用制度

要建立有效调节海洋资源的比价调节机制，提高围填海海域使用价格，从源头上缓解海洋资源开发压力。

我国海洋资源及其产品的价格总体上偏低，没有体现海洋资源稀缺性特点和开发中对海洋生态环境的损害，必须加快海洋资源及其产品价格改革，全面反映市场供求、资源稀缺程度、生态环境损害成本和修复效益。要将“海洋资源消耗”“海洋环境损害”和“生态效益”纳入经济社会发展评价体系，引导正确的行为选择和价值取向。要建立有效调节海洋资源的比价调节机制，提高围填海海域使用价格，从源头上缓解海洋资源开发压力。深化海洋资源性产品税及配套税费改革，建立公平合理、调节有效的海洋资源税费体系。同时，要建立健全海洋资源开发利用的绿色市场准入制度，抑制不合理的海洋资源开发需求。健全海洋资源有偿使用制度，引导海洋资源利用产业健康发展，促进海洋资源利用走向科学、合理、永续发展的道路。

二、建立海洋生态补偿制度

采取生态补偿来进行干预、调整海洋资源开发中的各利益相关者的关系。

建立海洋生态补偿制度是完善海洋生态环境保护的法律体系、落实科学发展观、建立生态文明、构建和谐社会的重要举措。国家高度重视海洋生态建设和保护工作，制定和采取了一系列政策措施，大大改善了我国海洋生态环境。但是海洋生态环境保护的形势依然不容乐观，为防止海洋生态环境的进一步恶化，鼓励海洋生态环境的保护与建设，建立完善的海洋生态补偿制度已成为我国海洋生态环境保护工作亟待解决的问题之一。采取生态补偿来进行干预、调整海洋资源开发中的各利益相关者的关系，使海洋生态破坏者和海洋生态保护的受益者支付相应的成本和代价，对海洋生态保护者和海洋生态破坏的受害者进行经济补偿，从而激励海洋生态保护行为、抑制海洋生态破坏行为，保持海洋生态保护与海洋经济发展的动态平衡，最终实现海洋可持续发展的战略目标。

三、完善海洋生态保护红线制度

将重要海洋生态功能区、生态敏感区和生态脆弱区划定为重点管控区域，实施严格分类管控的制度安排。

海洋生态红线是指为维护海洋生态健康与生态安全，将重要海洋生态功能区、生态敏感区和生态脆弱区划定为重点管控区域，实施严格分类管控的制度安排。渤海海洋生态环境遭受严重破坏，海洋生态已不堪重负。为加强渤海海洋保护区、重要滨海湿地、重要河口、重要旅游区和重要渔业海域等区域的保护，2012 年海洋生态红线制度在渤海海域率先实施。渤海海洋生态红线制度的建立是加强我国海洋生态环境保护和管理的重要举措和创新，对维护渤海海洋生态安全、推动环渤海经济社会长远持续发展具有重要的作用。继续完善海洋生态保护红线制度，充分发挥渤海生态保护红线示范区的带动作用，在全海域实施海洋生态保护红线制度，提高海洋生态认识水平、自觉树立自然生态伦理观念、竭尽全力扼守海洋生态“红线”，确保海洋生态安全和人民生活幸福。

四、落实入海污染物排放许可证制度和总量控制制度

加快立法进程，尽快建立统一公平、覆盖主要陆源污染物的排污许可制。

排污许可证制度作为一项基本的环境管理制度，在各国环境保护中被广泛采用。我国自 20 世纪 80 年代末就提出建立入海污染物排放许可制，但目前只设定海洋倾废许可制，对入海污染物排放还未设定许可，导致陆源污染物排放失控。入海污染物排放许可制的核心是排污者必须持证排

污、按证排污，实行这一制度，有利于将国家海洋环境保护的法律法规、总量减排责任、环保技术规范等落到实处，有利于海洋环保执法部门依法监管，有利于整合现在过于复杂的海洋环保制度。要加快立法进程，尽快建立统一公平、覆盖主要陆源污染物的排污许可制。

总量控制制度是环境保护领域的一项基本制度，也是各国普遍实施的一项制度。虽然近年来我国的入海污染物总量控制制度实施取得了一定成效，但总的来说，入海污染物总量控制制度还有待进一步完善。当前实施的入海污染物总量控制主要是通过行政计划的方式分解指标进行，总量控制类型单一、水平不高、指标分配方式缺乏效率，总量指标的约束力不强，与现有其他环境保护制度不协调。落实入海污染物总量控制制度是抓好海洋环境污染防控工作的根本，要坚持陆海统筹，建立各有关部门联合监管陆源污染物排海的工作机制。要实施主要的陆源污染物排海总量控制，优化排污口布局，加强海上倾废排污管理，实现逐步改善海洋环境质量、建设美丽海洋的目标。

（2015 年 4 月 13 日）

以理论创新推动制度创新

郑苗壮　刘　岩

海洋生态文明建设是一场涉及生产方式、生活方式、思维方式和价值观念的革命性变革，要坚持在实践基础上的海洋生态文明理论创新，进而推动制度创新，加快构建系统完备、科学规范、运行有效的海洋生态文明制度体系，形成适应海洋生态文明理念要求的“硬约束”，以刚性的制度约束人的行为，实现对海洋生态文明建设的制度保障。要贯彻落实十八届三中全会确立的生态文明制度体系，需要做好以下几方面的工作。

一、加强海洋生态文明顶层设计和战略规划

海洋生态文明建设要把海洋生态文明理念融入国家经济、政治、文化和社会建设的全过程，建立与海洋生态文明相适应的增长方式、产业结构、消费模式和制度体系，需要建立海洋生态文明建设的高层协调机制，统筹规划，统一部署，要搞好海洋生态文明建设的顶层设计、顶层推进和顶层监督。

一是在中央全面深化改革领导小组内设海洋生态文明体制改革专项小组。负责海洋生态文明体制改革总体设计、整体推进、督促落实。专门研究海洋生态文明建设的重大问题，综合协调各方力量，统筹国家发展与海洋环境保护的关系、缓解海洋环境形势严峻局面，明确海洋生态文明体制改革的时间表和路线图。二是加快实施以生态系统为基础的大部制海洋综合管理，建立基于海洋生态系统的海洋生态文明制度。按照海洋生态文明建设的系统性和完整性，将现有的海洋生态环境保护管理职能统一，树立海洋生态系统管理和海洋生态系统服务功能的科学理念。三是尽快制定国家海洋生态文明建设规划。从全局出发，从长远考虑，以生态文明建设“四个融入”的战略布局为指导，以海洋资源环境为基础，做好海洋生态文明建设的中长期规划和重大专项规划，着力推进国

家及沿海地区绿色发展、循环发展、低碳发展，构建海洋资源集约节约和海洋环境保护的空间格局、产业结构、生产方式、生活方式，从源头上扭转海洋生态环境恶化趋势，保障海洋生态文明建设的顺利实施。

二、完善海洋生态文明制度的法律体系

海洋生态文明建设是一项巨大而复杂的系统性工程，需要全面、系统、完整的法律体系提供保障。制度是纲，纲举目张。建立完善的海洋生态文明制度的法律体系，保护和改善生活环境和生态环境，促进经济社会全面协调可持续发展，全方位、多角度、立体化推进海洋生态文明建设。

加快制定海洋基本法，把党的海洋生态文明政策和国家战略法律化，作为母法对其他海洋生态文明建设的相关及其配套立法进行统领和指导，逐步完善和发展现有的海洋资源环境的法律制度和立法。充分发挥市场在资源配置中所起的决定性作用，加快海洋资源及其产品价格改革，全面反映市场供求、海洋资源稀缺程度、海洋生态环境损害成本和修复效益。实行海洋生态补偿制度，健全海洋环境损害赔偿制度，逐步将资源税扩展到各种海洋生态空间。

三、加快推进海洋生态文明体制改革试点

走向海洋生态文明新时代，建设美丽海洋，是实现“两个百年”目标的重要保障。然而，现行海洋生态文明制度难以对海洋生态文明建设进行科学合理的整体部署和设计，难以形成海洋生态文明的建设合力，迫切需要进行海洋生态文明体制改革试点，带动和引领海洋生态文明建设。

在海洋生态文明示范区建设的基础上，围绕“美丽海洋”稳步开展海洋生态文明体制改革试点。综合海洋生态文明示范区建设经验、模式，评估建设成效，拓展海洋生态文明体制改革的思路。加强海洋生态文明的理论创新、制度创新，引导沿海地区正确处理经济发展与海洋生态环境保护的关系，推动各示范区充分发挥本地区海洋资源、环境和区位特点，突出地方特色，探索经济、社会、文化和生态全面、协调、可持续发展模式，促进国家和沿海地区经济发展方式加速转型，实现人与海洋、经济社会和谐共生。

四、建立“后果严惩”的制度体系

后果严惩，是建设海洋生态文明、建设美丽海洋必不可少的重要措施。要重点从两个方面推进落实。

（一）建立海洋生态环境损害责任终身追究制

“扔下烂摊子走人，新官不理旧政”是当下我国海洋环境问题难以解决的一个主要原因。因此，要把海洋生态文明建设状况的指标纳入经济社会发展考核评价体系，着力推动海洋经济向质量效益型转变、着力推动海洋开发方式向循环利用型转变。建立海洋生态环境损害终身问责制，探索编制海洋自然资源资产负债表。引导地方官员牢固树立“功成不必在我”的发展观念，做出经得起实践和历史检验的政绩。

（二）健全海洋环境损害赔偿制度

我国有关法律法规中对造成海洋生态环境损害的处罚数额太小，远远无法弥补海洋生态环境损害程度和治理成本，更难以弥补对人民群众健康造成的长期危害。要对造成生态环境损害的责任者严格实行赔偿制度，让违法者掏出足额的“真金白银”，有利于强化企业的环境责任心，增强环境风险意识，扭转“违法成本低，守法成本高”的不正常现象。健全海洋环境损害赔偿制度，确保海洋环境保护法律责任、行政责任、经济责任的“三重落实”，是保障保护海洋环境，维护公众环境权益的必然要求，同时也是制裁环境违法行为的现实需求。

（2015 年 4 月 14 日）

海洋资源利用呼唤创新引领

刘 岩 郑苗壮

党的十八大提出“提高海洋资源开发能力”，海洋资源作为自然资源的重要组成部分，是支撑沿海地区经济社会可持续发展的关键要素，也是实现“到2020年全面建成小康社会宏伟目标”的基本保障。

中国是海洋大国，目前在海洋资源开发利用方面面临不少困难和问题。要达到“提高海洋资源开发能力”的目标，必须创新发展理念，破解发展难题，提升海洋资源的开发水平和利用效率，提高海洋资源对国民经济发展的贡献率，实现海洋资源的可持续利用。

一、海洋资源开发利用面临三大挑战

中国辽阔的海域蕴藏着丰富的海洋生物资源、海洋矿产资源、海洋空间资源、海水资源和海洋可再生能源资源等海洋资源，这些资源已经成为丰厚的海洋资本。中国是海洋资源利用大国，却不是资源利用强国，资源利用质量、效率、效益较低，面临三大挑战。

一是海洋资源开发过度与利用不足并存。中国绝大部分的海洋开发活动集中在海岸和近岸海域，远海开发利用不足。如临港工业区是海洋经济主要活动区，包括钢铁、石化、机械、汽车等产业，但产业同质同构严重，布局分散，导致港口、岸线等近岸资源过度开发，资源浪费和破坏现象严重，渔业资源趋于枯竭，海洋经济效益低。

二是近海海洋生态环境压力持续增大。目前中国海洋经济基本上属于粗放式增长模式，近海海洋生态系统受到严重威胁，持续恶化的近岸海洋生态环境已经成为海洋强国建设的制约性问题。

三是海洋科技创新引领和支撑能力不足。科技成果转化是实现科技转变为现实生产力直接有效的途径。目前，中国海洋科技自主创新和成果转化能力显著增强，海洋科技对海洋经济的贡献率为54.5%，但仍低于发达国家70%~80%的水平，尚不能满足增强海洋能力拓展的战略需求。深海技术亟待突破，海洋高技术的引领作用和产业化水平仍较薄弱。深海技术和装备总体上落后发达国家10年左右，个别领域如海洋材料与工艺、通用技术设备等落后20年。

二、以科技创新助力资源开发利用

海洋科技创新是转变海洋资源开发方式、提高海洋资源利用效率和竞争力的有效途径。在我国，海洋科技创新引领和支撑能力不足是海洋资源可持续利用的另一个挑战。海洋渔业资源、海洋油气资源、海水资源、海水风能等领域都在呼唤科技引领。

中国海洋渔业资源捕捞和养殖主要集中在近岸浅水海域，近海渔业资料捕捞量占捕捞总量的90%以上，造成近海渔业资源日趋枯竭。中国水产品加工以传统的、初级的加工产品为主，冷冻水产品占了加工产品的55%，高技术含量、高附加值的产品较少。加工设备简单，机械化程度低，加工质量控制技术落后等因素，造成海洋食品存在安全隐患，各类污染物经由海洋生态系统食物链富集到海洋生物体内，降低了海洋生物生产的质量。面对海水产品需求高速增长的态势，如何确保海洋生物资源的可持续利用，足量、合理、安全地供给海水产品，是新时期经济社会发展面临的新问题。

在海洋油气资源方面，海洋高技术的引领作用和产业化水平仍较薄弱。与发达国家相比，中国海洋油气的勘察与开采能力相对不足。只有通过核心技术自主研发、尽快突破深水油气田勘探开发关键技术，中国才能获得深水油气资源勘探开发的主动权。目前，深海采矿装备欠缺，尚未具备进入深海采矿的能力，商业开发技术储备严重不足，总体上看仍不能满足中国海洋油气资源的开发需要。突破深海油气勘探开发的技术与设备，是海洋油气可持续开发利用面临的主要挑战。

中国海水利用虽然起步较早，是世界上少数几个掌握海水淡化先进技术的国家之一，但是海水淡化基础研究不足，具有自主知识产权的关键技术较少，设备制造及配套能力较弱。目前，反渗透海水淡化的核心材料和关键设备主要依赖进口，按工程设备投资价格比，国产化率不到50%，与国际先进水平相比有较大差距。技术成果转化能力较弱，严重制约了海水淡化产业化进程。

世界上近30个沿海国家开发利用海洋可再生能源，部分国家已经实现了商业化运行，中国还处在起步阶段。中国海上风能开发利用在关键技术上与发达国家还有较大差距，缺乏系统的海上风能技术开发体系，基础研究和技术创新能力不强，关键技术和共性技术研究滞后，海上风能核心竞争力不高。

中国海岸地区承载了众多的人类活动和其他用途，包括填海造地、港口航运、渔业、旅游、海洋可再生能源开发、海底电缆和管道铺设等。随着海洋空间的需求快速增长，海洋空间面临相互重叠、冲突的矛盾，再加上粗放式的增长模式，使近海海洋生态系统受到严重威胁。由于缺乏应有的统筹规划，沿海各地临港工业、交通运输业等项目纷纷上马，从渤海湾到北部湾，大型石油化工、港口码头项目竞相上马，临港工业园区遍地开花。在一些短期利益驱动下，岸线规划使用管理不够科学合理，岸线利用混乱，造成临港工业、港口码头等重复建设、岸线资源粗放式管理，难以发挥中国沿海地区岸线资源的整体功能。

中国是海洋大国，丰富的海洋资源是国家经济社会发展重要基础和保障。海洋资源在开发区域上仍局限于近海、浅海，远海开发利用不足；在开发环境上压力持续增大，呈现出异于发达国家传统的海洋生态环境问题特征，具有明显的系统性、区域性和复合性；在开发能力上突出表现为海洋科技创新引领和支撑能力不足，科技水平限制海洋资源开发活动。当前，中国正处于深化改革开放、加快转变经济发展方式的重要战略机遇期，必须提高海洋生物资源、矿产资源、海水资源、海洋可再生能源等主要海洋资源可持续开发利用的能力，发挥好经济社会发展的支撑作用，为实现全面建成小康社会的宏伟目标做出贡献。

（2015年4月20日）

用法律手段实现海洋善治
——从欧盟立法发展看海洋治理趋势

裘婉飞

欧盟是由28个成员国组成的区域性合作组织，其成员国管辖的海域总面积达到2000万平方千米，是欧盟土地面积的3.8倍。欧盟的海洋治理体系自上而下可以分为欧盟、区域、国家、地方等几个层次，涉及渔业、环境、能源、规划、航行等多个领域的政府部门、私营企业和非政府组织之间的长期互动和协作。与世界上大多数国家和地区一样，欧盟的海洋治理也面临着多重挑战。第一，海洋生态环境所承受的压力大，海洋资源的可持续性利用受到各种威胁。第二，随着海上风电、深水养殖、海洋保护区建设等新兴海洋活动的增加，面对有限的资源，各类活动之间的冲突和矛盾加大。第三，欧盟28个成员国之间在政治体制、经济发展水平、法律体系和文化传统等方面存在着巨大差异，制定和执行海洋政策往往需要平衡各国的利益。

在过去的十多年，欧盟在海洋治理领域进行了一系列改革，有多部新的法律颁布和对已有法律的重大修订，为完善海洋治理奠定了坚实基础。

《里斯本条约》。欧盟的法律根据地位和效力的不同，分为一级立法和二级立法。欧盟的一级立法《里斯本条约》于2009年生效，在很多方面影响着海洋治理。第一，该条约明确了欧盟和成员国在海洋治理中的权能。条约规定欧盟在《共同渔业政策》框架下渔业资源的管理和养护上拥有排他性的权能，而在包括环境、能源、航行安全等大部分其他海洋政策领域，欧盟和成员国政府共享权能。第二，该条约奠定了欧盟海洋治理的基本目标和原则，如可持续发展服务的目标，以及环境一体化原则、预防性原则、防止及优先整治环境源的原则和污染者付费原则。第三，该条约赋予经民主选举产生的欧盟议会更大的立法权，从而增加了海洋治理的透明度。

《综合海洋政策》。该政策颁布于 2007 年，旨在促进海洋领域综合、协调、连贯、透明和可持续的决策，并明确提出要用综合性的方法推进海洋治理，具体涉及 5 个方面的行动：最大程度实现海洋的可持续性，加强海洋政策的科学和创新基础，为沿海地区创造较高的生活水平，加强欧盟在国际海洋事务中的领导力，提升“海洋欧洲”的可见度。该政策对加强海洋治理的各项法律制度做了统筹安排，增加了海洋治理的连贯性和一致性，并为欧盟积极参与国际海洋事务，扩大在全球海洋治理中的影响奠定了良好的政策基础。

《海洋战略框架指令》。该指令颁布于 2008 年，明确提出要用“基于生态系统”的方法来管理人类活动，确保各类活动的累积影响控制在一定范围之内，到 2020 年，在欧盟管辖海域内实现“良好的环境状态”。该指令是海洋环境保护主流化的里程碑，明确了欧盟海洋治理战略目标，以及成员国各自的职责和义务。

《共同渔业政策》。该政策决定欧盟水域渔业管理的总体目标、成员国渔业捕捞限额的分配，以及为了达到渔业可持续发展的相关规定。该政策最近一次修订于 2013 年完成，要求采用预防性的原则以及基于生态系统的方法，来管理渔业及其对生态环境的影响，增加了保护海洋生态环境的一系列措施，并将部分渔业管理的决策权下放到区域性渔业指导委员会，以加强利益相关者的参与和合作。该政策的修订从原则、目标和内容上，与《综合海洋政策》《海洋战略框架指令》保持了高度一致。

《海洋空间规划指令》。欧盟于 2014 年通过了该指令，要求成员国开展海洋空间规划和海岸带综合管理来统筹规划海洋产业发展和生态环境保护，并确定了欧盟成员国开展海洋空间规划的义务和最低要求。海洋空间规划是实现跨行业、跨地域的综合治理的重要工具，《海洋空间规划指令》以立法的形式，确保了这一工具在欧盟所有成员国的实施，同时明确了相邻沿海国在开展规划时有合作的义务，以确保相邻海域规划的协调性和连贯性。

欧盟“依法治海”经验的启示。欧盟通过立法，从制度上确保了海洋治理向着更可持续、规范、协调、透明和全球化的方向发展。欧盟经验证明，可以从以下几个方面加强海洋治理的法律基础。第一，制定综合性的海洋法律来统筹规划海洋事业的发展，明确海洋治理的战略方向和基本原则，加强各项法律制度之间的协调。第二，明确环境保护、渔业、航运等各项主要法律制度的具体目标、主要措施、责任、义务和处罚机制，以及法律执行的程序和时间点、评估实施成效的指标。第三，通过立法加强不同产业、政府部门和利益相关者之间的协调，明确开展协调的义务、机制和程序。第四，以法律的形式，保障利益相关者获取信息和参与海洋立法和决策的权利，以提高海洋治理的透明度。

实现海洋“善治”（即良好的治理）是一个长期的过程，也与国家体制改革和整体治理能力的提高息息相关。实现海洋善治需要良好的法制基础和顶层设计，保障重要利益相关者参与海洋治理的权利，法律是实现这些要素的必要手段。依法治海的首要任务是不断完善海洋立法体系，推动涉海法律在各个层面的实施，使其成为实现海洋善治的利器。

（2016年8月17日）

悄然兴起的“新海洋圈地运动”

丘　君

21世纪以来，一场通过建设海洋保护区，以海洋生态环境保护名义进行的“新海洋圈地运动”正悄然兴起。由于发达国家较早开展了对公海等海域的研究与资源开发，拥有了先发优势，在此背景下，“新海洋圈地运动”的兴起将限制发展中国家的海洋科研和开发利用活动，巩固发达国家所拥有的认知和资源开发优势，并在一定程度上妨害了其他沿海国家的权利。

“新海洋圈地运动”的主要形式有3种：部分沿海国和国际组织推动设立公海保护区，以此限制其他国家在该海域开展科学研究和资源勘探等活动，从而保持本国对该海域的认知优势，保护本国业已获得的利益；沿海国在其专属经济区内设立大型海洋保护区，并采取相应的管制措施，以此限制其他国家在该海域的活动，实质扩大对该海域的管辖权，不同程度损害了其他国家的权利；沿海国通过区域渔业管理组织在自身关切的公海设立禁渔区，限制在该海域的捕捞活动，在保护该海域的环境和生物多样性的同时，保护切身的资源利益。

一、公海保护区设立与管理制度仍是空白

国际社会对公海保护区的关注刚刚开始，关于公海保护区设立和管理的法律制度目前仍是空白。一般的理解认为，公海保护区是在公海、国际海底区域和南极地区等在国家管辖范围以外海域设立的海洋保护区，其目的为保护和有效管理海洋资源、环境、生物多样性或历史遗迹等。一般的海洋保护区在沿海国的主权或管辖权范围内，而公海保护区不受任何沿海国的独立管辖。从表面上看，公海保护区对公海自由的限制适用于所有国家，各国在此问题上是平等的。进一步分析可以发现，公海保护区对各国的影响并不相同。

以公海科学研究为例，发达国家较早开始了对公海各类海洋生态系统的研究，而包括中国在内的发展中国家的相关研究才刚起步。在这种背景下，建立公海保护区将限制发展中国家的科学研究和开发利用活动，并且巩固发达国家所拥有的认知和资源开发优势。也就是说，过早建立公海保护区对已经取得研究优势的发达国家有利，而对尚未开展相关研究的发展中国家不利。

公海保护区建设也将影响对国际海底区域资源的勘探开发。科学家已陆续在深海底发现了锰结核、富钴结壳、多金属硫化物等海底矿产资源，以及热液喷口生物群、冷渗漏区生物群等深海极端环境下的生物资源。矿产资源归属于“区域”制度管辖，但由于国际海底区域的上覆水体都属公海，公海保护区一旦建立，勘探开发国际海底区域矿产资源的活动必然受限制。发展中国家在国际海底区域开展相关科学调查和研究活动正处于快速发展阶段，过早建立公海保护区对发展中国家参与分享国际海底区域矿产资源和深海生物资源无益。

二、大面积专属经济区被划成海洋保护区

海洋保护区建设呈现从领海向专属经济区扩展的态势，尤其自2006年以来，专属经济区内的保护区面积急剧增长，新增面积超过200万平方千米。最近几年，有些国家在远岛周围海域设立的大型海洋保护区尤其受国际社会关注。

自2006年以来，美国、基里巴斯和英国先后在偏远岛屿附近海域设立了多个大型海洋保护区，并且这些保护区面积均刷新纪录成为当时面积最大的海洋保护区。2010年英国在查戈斯群岛附近海域设立的保护区面积达63万平方千米，是目前面积最大的海洋保护区。2011年，澳大利亚政府宣布将在大堡礁国家公园东侧的珊瑚海建设新的大型海洋保护区，建成后的保护区面积将超过98万平方千米。

为实现《约翰内斯堡执行计划》关于海洋保护区的建设目标，不少沿海国制定了在2020年以前覆盖20%管辖海域的保护区建设目标。预计在2020年以前，将有更大面积的专属经济区被划归为海洋保护区。

根据《联合国海洋法公约》（以下简称《公约》）的相关规定，建立海洋保护区是沿海国行使对专属经济区内海洋环境保护和保全的管辖权的

合法方式，其他国家应“顾及”沿海国的权利，其中包括遵守沿海国制定的专属经济区内的海洋保护区管理规定。沿海国把大面积的专属经济区划归为海洋保护区，并制定需要其他国家“顾及”和遵守的保护区管理规定，实际上是扩大了对专属经济区的管辖权，同时削弱了其他沿海国原本享有的权利。虽然《公约》第56条规定“沿海国在专属经济区内根据本公约行使其权利和履行其义务时，应适当顾及其他国家的权利和义务”，但是，海洋保护区具有限制开发利用活动特性，沿海国关于海洋保护区管理规定实际上很难“顾及”并不妨害其他沿海国的权利。

三、区域渔业管制措施意在资源利益最大化

区域渔业管理组织在保护和管理公海渔业资源和生物多样性方面发挥了重要作用，并且这种作用有进一步加强的趋势。进入21世纪以来，区域渔业组织纷纷通过设立禁渔区、限制捕捞方式等手段，强化对公海渔业资源和生物多样性的实际管辖。

禁渔区既是公海渔业资源保护的重要措施，在一定程度上也是区域渔业组织主导圈占公海资源的手段之一。其最基本的方式是，利用自身捕捞技术和能力的优势，通过禁止或限制特定捕捞方式，从而限制捕鱼技术能力落后的国家获取公海渔业资源。此外，通过在自身关切的公海设立禁渔区，区域渔业管理组织可实现对该区渔业资源和生物多样性资源的实际控制，并从中获得最大的资源利益。

（2012年3月2日）

其　他

开创性的理论应用研究
前瞻性的发展战略谋划

商乃宁

2013年7月30日，对于国家海洋局海洋发展战略研究所（以下简称“战略所”）所长高之国和中国工程院院士曾恒一而言，注定是人生中难忘的一天。这一天，他们来到中南海怀仁堂，以“建设海洋强国研究”为主题讲授了特别的一课——这堂课的听众，是全体中共中央政治局委员。

中央政治局第八次集体学习，不仅对讲课的高之国和曾恒一有着特殊的意义，对中国海洋人乃至中国海洋事业而言，同样意义非凡，这是中央政治局首次将海洋问题列入集体学习，习近平总书记作了重要讲话，强调要进一步关心海洋、认识海洋、经略海洋，推动海洋强国建设不断取得新成就。

建设海洋强国，实现中华民族伟大复兴是全民族的共同奋斗目标，这就要求海洋工作者要在新的高度大力开展海洋发展战略研究，更好地促进海洋事业发展，为建设海洋强国、实现中国梦做出更大的贡献。

一、适应需求开展海洋发展战略研究

1987年6月20日，为适应国内和国际海洋形势发展需要，国家海洋局海洋发展战略研究所应运而生。由此，我国逐步走上系统化开展海洋发展战略研究工作的道路。

在不断发展和实践中，我国海洋发展战略研究工作的主要内容也逐渐明晰，主要包括：开展海洋发展战略、政策与管理、法律与权益、安全、经济和资源环境等方面战略性问题的中长期研究；开展国际海洋法的理论、实践和发展趋势的研究；提出我国海洋法制建设、法律实施和解决问题的对策和建议；开展国家海洋划界、岛礁争议、资源开发等维护海洋权益问题的研究；开展海洋经济发展战略、理论与实践及海洋产业政策的研究；开展海洋科技发展战略、政策的研究，参与拟订有关海洋科技发展规划；开展海洋管理体制、机制等相关问题的研究；开展国际海洋管理、开发和保护，以及我国海洋事务综合协调的政策和理论的基础性研究；开展我国海域使用、海岸带和海岛开发保护的政策和措施的研究；开展国内外海洋资源开发、生态环境保护、海洋灾害防治的政策和措施的研究。

二、为国家海洋事业发展出谋划策

多年来，国家海洋局在海洋事务各领域开展了大量具有开创性和前瞻性的战略发展研究工作。

海洋发展战略、海洋安全、法律与权益是其中的重要研究领域之一，特别是在海洋安全与权益维护、国际海洋法的理论研究与实践、海洋法制建设的研究和建议等方面，积极开展工作，取得了丰硕成果；组织论证、主持和参与了多项国家重大海洋专项的立项建议、申请和研究工作，对海洋管理能力建设和海洋权益维护发挥了重大作用；起草和撰写了多项国家海洋政策、规划；开展和完成了多项海洋事务领域前沿问题的社会科学研究……

同时，有关单位和部门还注重将研究工作和成果与实际运用紧密联系起来，在理论应用研究基础上，积极参加各类双边与多边海洋法律事务的外交磋商和有关海洋划界谈判等实践活动，为政府相关部门提供了大量参考资料、对策建议和法律咨询，并多次参加国际和地区性学术交流与合作。一系列理论研究和实践工作，不仅为维护我国海洋权益做出了贡献，同时也使一批专家、学者得以涌现。

长期以来，我国在海洋发展战略、政策、法律、权益和海洋经济、环境资源研究等领域取得众多研究成果，其中包括《建设海洋强国战略路线图研究》《海洋国策研究文集》《海洋强国兴衰史略》《中国海洋发展报告》《中国海洋21世纪议程》《中国海洋事业的发展（白皮书）》《全国海洋经济发展规划纲要》《中国海域海洋划界研究》《中国专属经济区和大陆架政策图集》《21世纪中国海洋政策》《中国海洋经济发展报告（蓝皮书）》等。

战略所等单位为国家有关部门、国家海洋局和其他涉海机构决策咨询开展了多项研究，其成果大多都被采纳应用。如20世纪90年代的图们江出海口问题研究、北部湾划界研究、维护南沙海洋权益的战略与对策研究、西部太平洋安全形势及其对我国的影响问题研究、国际海洋事务立法对我国发展的影响研究、《海洋技术政策》(中国科学蓝皮书第9号)、海岸带综合管理模式研究、海岸带综合管理技术研究；进入新世纪以来的21世纪海洋面临的形势和任务、国际海底区域资源勘探开发中长期战略规划及“十一五”计划、关于中日东海争端的若干法律问题的研究、关于我国海洋科技领域若干战略性问题、海洋强国战略研究、建设海洋强国战略路线图研究、《中国的领土黄岩岛》白皮书、《钓鱼岛是中国的固有领土》白皮书、海上执法力量对比研究等。

三、架起国际合作交流的桥梁

开展涉海法律立法研究，是我国海洋发展战略研究工作的又一重要方面。国家海洋局相关单位和部门先后参加了《中华人民共和国领海及毗连区法》《中华人民共和国专属经济区与大陆架法》《中华人民共和国海洋环境保护法》（修订）《中华人民共和国海域使用管理法》及其配套规章《中华人民共和国物权法》有关海域使用权条款、《中华人民共和国文物保护法》(修订)及《中华人民共和国水下文物保护条例》(修订)《中华人民共和国南极活动管理条例》《中华人民共和国海岛法》《中华人民共和国涉外海洋科学研究管理规定实施细则》（起草稿）以及《渤海区域环境管理立法》等立法研究工作。

与此同时，海洋发展战略研究工作者还注意跟踪研究国际海洋事务的发展和变化，积极配合国家海洋局和涉海部门开展国际合作交流，维护国家海洋权益，积极推动大陆、台湾、香港、澳门之间的学术交流。先后成功举办了4届大陆架和国际海底区域制度科学与法律问题国际研讨会；数次作为代表团团长代表中国参加《联合国海洋法公约》缔约国大会，在国际会议上表明中国相关立场；举办多次海峡两岸海上执法的理论与实践学术研讨会、亚太地区海洋事务研究所论坛；成功举办南海合作与发展国际研讨会等。这些交流与合作，搭建了国际平台，宣示了中国权利主张，对营造有利于我方的国际环境起到了积极作用。

在海洋发展大好形势下，正如高之国所言，我国海洋发展战略研究工作者将继续埋头苦干、努力奋斗，大力开展海洋发展战略研究，促进海洋事业发展，为实现党的十八大提出的建设海洋强国目标，为实现中华民族伟大复兴做出新的贡献。

（2014 年 6 月 27 日）

积极倡导和平、合作、和谐的中国新海洋观

郑苗壮

李克强总理在“中希海洋合作论坛”上提到，中国愿与世界各国一道，共同建设一个“和平、合作、和谐”的海洋。随着经济全球化发展和世界经贸格局的深刻变化，海洋作为国际贸易与合作交流的纽带作用日益凸显，在提供资源保障和拓展发展空间方面的战略地位更加突出。中国是陆海兼备的大国，海洋与中华民族的生存和发展紧密相连、息息相关。作为太平洋西岸的海洋大国和国际海洋事务中的重要力量，中国应与国际社会一起，积极构建海洋合作伙伴关系，携手承担维护国际海洋秩序的责任，履行保护海洋健康的义务。

建设“和平”海洋，是世界和平与繁荣的基础和保障，是实现中华民族伟大复兴梦的前提条件。海洋一直是沟通东西方经济文化交流的重要通道，明代航海家郑和率领当时世界上最强大的船队七下西洋，远涉亚非30多个国家和地区，带给世界和平与文明。明清闭关锁国，鸦片战争后的100多年里，中国受尽西方列强欺辱。求和平、促发展是当今社会不可阻挡的历史潮流，特别是世界多极化和经济全球化趋势的深入发展，给全球海洋和平与发展带来了新的机遇。当前，海洋形势总体趋于和平稳定，但中国也清楚地看到，国际海洋事务中仍存在诸多不稳定和不确定的因素：和平面临严峻挑战，新的安全威胁因素不断出现；海洋权益斗争日趋激烈，部分国家蓄意制造岛礁争端，挑起海上事端，侵犯他国海洋权益；海洋传统安全与非传统安全威胁相互交织、错综复杂。中国倡导与其他国家一道，共同遵循包括《联合国海洋法公约》在内的国际准则，通过对话谈判，解决海上争端，谋取共同安全和共同发展。反对海上霸权，确保海上通道安全，共同应对海上传统安全威胁以及海盗、海上恐怖主义、特大海洋自然灾害和环境灾害等非传统安全威胁，寻求基于和平的多种途径和手

段，维护周边和全球海洋和平稳定。

建设“合作”之海，是“睦邻、安邻、富邻”外交友好政策的具体要求，是实现全面建成小康社会的必然选择。中国正处于与国际经济同步转型的关键时期，传统社会发展动力日渐衰退，海洋作为新的发展引擎逐渐发力。随着区域经济一体化和经济全球化的发展趋势，海洋在国家经济发展格局和对外开放中的作用更加重要。

积极与沿海国发展海洋合作伙伴关系，在更大范围、更广领域和更高层次上参与国际海洋合作，共同建设海上通道、发展海洋经济、利用海洋资源、开展海洋科学研究，实现与世界各国的互利共赢和共同发展。共建21世纪海上丝绸之路，加强政策沟通、道路联通、贸易畅通、货币流通、民心相通，增进互信、凝聚共识，形成汇聚沿线各国的命运共同体、利益共同体和责任共同体。

建设和谐海洋，是世界各国人民的共同心愿，是中国走和平发展道路的崇高目标。海洋是人类生命的发源地、自然环境的调节器，也是实现可持续发展资源宝库。维护海洋健康，改善海洋生态环境，实现海洋资源持续利用、海洋经济科学发展，促进人与海洋和谐发展，走可持续发展之路。尊重海洋文明的差异性、多样性，在求同存异中谋发展，协力构建多种海洋文明兼容并蓄的和谐海洋。增信释疑，促进合作，促进亚太地区和世界和平、稳定、繁荣，不偏不倚地构建中美新型大国关系，宽广的太平洋两岸有足够空间容纳中美两个大国。

21世纪是海洋的世纪，党的十八大确立的全面建成小康社会的发展目标，不仅惠及中国人民，也开启了海洋事业发展的历史新篇章。建设“和平、合作、和谐”之海，是人类和平与发展的崇高事业，符合中国人民的根本利益，也符合人类社会发展进步的客观要求。和平、合作、和谐的21世纪中国新海洋观与多彩、平等、包容的文明观和共同、综合、合作、可持续的亚洲新安全观是一脉相承的，都是中国人民集体智慧的结晶、历史传统文明的传承，需要与各国人民长期不懈地共同努力，推动其发展。

（2014年7月29日）

切实增强法治思维　全面深化海洋战略研究

刘　堃

全国海洋工作会议分析了当前海洋工作面临的新形势，对2015年海洋工作的总体要求和重点任务进行了部署，明确提出了“全力做好海洋战略规划工作”的具体要求。日前，国家海洋局海洋发展战略研究所（以下简称“战略所”）召开全所工作会议，传达学习全国海洋工作会议精神，研究部署2015年工作。2015年，战略所将在国家海洋局党组领导下，紧密围绕加强海洋发展战略研究，推动海洋事业全面发展这一中心，着力做好以下5个方面的工作。

一是积极参与海洋立法的相关工作。继续与相关部门展开密切协作，参与《海洋石油勘探开发环境保护管理条例》的修订工作，推进《海洋石油天然气管道保护管理条例》《南极活动管理条例》等立法修法研究和论证工作，尽快完成《深海海底区域资源勘探开发法》的草案内容论证及立法支持材料的编写工作。

二是努力做好海洋发展战略和政策研究工作。大力配合中央和国家海洋局开展研究编制国家海洋发展战略。积极开展“十三五”海洋规划的研拟工作。继续参与拓展极地、大洋的战略研究。深入开展21世纪海上丝绸之路建设、科技兴海及推进海洋经济转型的战略研究工作。

三是深入开展海洋维权工作。积极参与维护海洋权益的政策研究和顶层设计。认真组织钓鱼岛、南海断续线、菲律宾南海仲裁等重大热点问题的跟踪研究。全面梳理提炼南海历史与法理问题研究，为维护海洋权益提供有力支持。继续就海洋热点问题开展跟踪和深入研究。推进海洋维权专项研究，完成好南海白皮书的相关工作。

四是有序推进2015年度科研任务，加强调研力度，保质保量完成国家社科基金重大项目“维护海洋权益与建设海洋强国战略研究”的工作任务。组织完成战略所重点项目《中国海洋发展报告（2015）》的编撰出版工作。扎实推进各专项科研任务、部委委托项目和国家海洋局年度预算科研项目的实施。

五是切实加强党建和党风廉政建设。加强党委建设，注重政治理论学习，严格落实党委中心组学习制度。继续深化党的群众路线教育实践活动成果，不断增强党组织的创造力、凝聚力和战斗力。严明政治纪律，强化监督问责，严格落实中央八项规定，加强纪检干部队伍建设，推动全所党风廉政建设取得新成效。

2015 年是“十三五”的开局之年。在新的起点上，战略所党委和全体职工，将在国家海洋局党组领导下，认真贯彻党的十八大精神，把握机遇，乘势而上，进一步提升自身发展能力，在海洋发展战略、规划、法律、政策研究和维护海洋权益、促进海洋事业全面发展方面做好业务支撑，推动各项工作再上新台阶。

（2015 年 4 月 9 日）

加快开放发展　共建和谐海洋

张　颖

党的十八届五中全会为我国“十三五”期间的经济社会发展设定了目标要求和基本理念，首次将创新、协调、绿色、开放、共享的发展理念作为整体写入全面建成小康社会的战略布局中。海洋是运输联通的重要媒介和丰富的资源宝库，具有开放、流通与共享的特性。作为全面建成小康社会的重要组成部分，海洋事业的发展更加需要顺应世界发展趋势，奉行互利共赢的开放战略，以开放心态积极参与国际海洋事务，加强与有关国家的海洋合作力度，提升我国在全球海洋治理中的话语权和影响力。

21 世纪是世界各国大规模开发、利用海洋的世纪。开发利用海洋为人类增添财富，为沿海国家带来可持续的发展动力。海洋的流动性使得海上开发活动相互影响，海洋利益的争夺不可避免。同时，海洋资源衰退、海洋环境恶化和海洋通道安全维护等问题也成为国际社会的共同关切。唯有强化海洋合作，共同抵御海上风险、共享海洋利益，才是国际社会实现海洋利益最大化的必然选择，也是各国全面履行《联合国海洋法公约》（以下简称《公约》）、化解分歧与争议的应尽义务。

我国一直积极参与国际海洋事务，致力于同海洋国家加强合作，积极倡导和维护和谐海洋秩序，保障海洋的和平、安全与开放。作为《公约》缔约国，全面参与了国际海底管理局和国际海洋法法庭筹备委员会的工作，深入参与审议《公约》三大机构的工作情况，为有关国际海洋机构的工作开展贡献人力、财力。我国支持东亚地区内诸多双边合作项目，与周边国家和海洋大国在海洋科学研究、海洋环境保护、海洋防灾减灾等领域开展了一系列海洋合作，但由于现实的困难与障碍，目前我国面临着海洋合作方式不够多样、合作的层次不够深入、与有关国家政治互信有待提升、参与国际海洋事务经验不足、在有关规则制定中话语权不足等问题。因此，应当全面贯彻落实开放发展理念，积极推动“一带一路”倡议实施，带动并与有关国家共同发展，增强国际社会对我国的信任和信心。

一是推动同有关国家多领域务实合作，形成更为紧密的海洋合作伙伴关系。推动与沿海国家海洋合作制度化、常态化，建立多层次海洋合作平台，加大资金投入和政策倾斜力度，保障合作的可持续性，建立更具完整性、持续性、包容性和互利性的海上合作关系。合作的重点领域应当在深化海洋科学合作、海洋环境保护等低敏感领域合作基础上，向海上执法合作、海底资源开发共享、海洋核心技术交换、信息交流共享、海洋政策协调等更高层次推进。

二是主动参与国际新规则制定，倡导构建更加和谐开放的海洋秩序。全球海洋事务的治理，离不开国际组织的协调和推进，而我国参与国际组织的实践经验较为欠缺，人才和知识储备相对不足，应该尽快熟悉国际组织的运作管理，培养和支持到国际组织任职的高端人才。同时积极参与海洋国际组织的工作，高度重视包括海洋法规则在内的国际规则的制定和解释，适时提出我方立场和关切，提高我国在世界海洋事务管理上的话语权和领导权，推动国际海洋新秩序向着和平、合作、和谐方向发展。

三是积极承担大国责任和义务，共同维护海洋安全和地区和平。随着经济社会高速发展，我国在海洋科学研究、海洋资源开发和海洋管理方面都取得了较大发展。作为负责任的海洋大国，我国应当在海洋调查、海洋灾害预报、海上搜寻救助、共同打击海上犯罪活动等优势领域，为国际社会，特别是周边海洋国家提供更多公共服务产品，加大对海上交通线和基础设施建设的投入，与其他国家共享海洋成果，减少分歧和争议，深化共同利益合作，共同维护世界海洋秩序。

（2015 年 12 月 7 日）

立足新起点　开启海洋战略研究新篇章

刘　堃

2016 年，国家海洋局海洋发展战略所（以下简称“战略所”）将在国家海洋局党组的领导下，深入贯彻落实全国海洋工作会议精神，以“推动海洋战略研究事业全面发展”为中心，锐意进取、开拓创新，扎实推进各项海洋发展战略研究工作，着力做好以下 6 方面的工作。

一是努力做好各项海洋战略规划研究与编制工作。按照国家海洋局党组的工作部署，全力配合国家海洋局和国家有关部门研究编制国家海洋发展战略。加强海洋生态文明建设政策和措施研究，继续开展国家管辖外海域生物多样性养护与可持续利用和 21 世纪海上丝绸之路建设等战略研究。积极参与国家海洋事业发展“十三五”规划、全国科技兴海规划（2016—2020 年）编制落实及宣传贯彻工作。

二是积极参与海洋立法。继续与相关部门展开密切协作，重点推进《海洋基本法》《南极活动管理条例》等立法修法研究和论证。

三是深入开展海洋维权。积极参与维护海洋权益的政策研究和顶层设计。组织力量对南海、黄海、东海等热点问题进行研究，并就重大热点问题进行跟踪研究，做好业务支撑，为维护海洋权益提供有力支持。

四是有序推进 2016 年度科研任务。组织完成战略所重点项目《中国海洋发展报告（2016 年度）》的编撰、出版及发布。保质保量完成国家社科基金重大项目“维护海洋权益与建设海洋强国战略研究”。扎实推进国家海洋局和国家其他部委的年度研究任务。

五是不断提升服务地方海洋事业发展的能力。密切围绕地方海洋事业发展的实际需求，充分发挥战略所研究团队的优势，做好服务沿海地方海洋事业发展等工作。

六是切实加强党建和党风廉政建设。认真落实战略所党委在全面从严治党中的主体责任，不断增强党委的创造力、凝聚力和战斗力。注重政治理论学习，在所内开展“学系列讲话、学党章党规、做合格党员”学习教育活动。严明政治纪律，强化监督问责，严格落实中央“八项规定”，加强纪检干部队伍建设，进一步落实转职能、转方式、转作风的要求，推动全所党风廉政建设取得新成效。

（2016 年 3 月 29 日）

深刻领会讲话精神实质
深入开展海洋战略研究

刘 堃

中共中央庆祝中国共产党成立95周年大会召开时，国家海洋局海洋发展战略研究所（以下简称“战略所”）组织全体职工、离退休党员干部收听收看了大会实况直播。此后，战略所召开党委会，学习讨论习近平总书记在大会上的重要讲话精神。

习近平总书记“七一”重要讲话，全面回顾了中国共产党建党95年来团结带领全国人民不懈奋斗的光辉历程、伟大贡献和历史启示，深刻阐明了党的执政理念和执政方略，深刻阐明了不忘初心、继续前进必须牢牢把握的八方面重大要求，内涵丰富、思想深刻、令人鼓舞，是指引我们党奋力推进中国特色社会主义伟大事业和全面推进党的建设新的伟大工程的纲领性文献，具有很强的理论性、实践性和指导性。对“七一”重要讲话，要认真领会，在加深理解和准确把握精神实质上下功夫。

学习贯彻好“七一”重要讲话精神，必须与战略所党建工作紧密结合。战略所各级党组织、广大党员干部要深刻认识坚持和完善党的领导，是党和国家的根本所在、命脉所在，是全国各族人民的利益所在、幸福所在；要深刻认识保持党的先进性和纯洁性，着力提高执政能力和领导水平，着力增强抵御风险和拒腐防变能力，是全面推进党的建设新的伟大工程。战略所要全面加强党的建设，充分发挥党的领导核心作用，严肃党内政治生活、净化党内政治生态，扎实开展“两学一做”学习教育，将学习贯彻“七一”重要讲话精神作为学习教育的一项重要任务。各党支部要把学习贯彻“七一”重要讲话精神不断引向深入，开展更加丰富多样的学习活动，深刻领会讲话精神实质，用讲话精神统一思想认识行动。广大党员干部要进一步提高思想认识，坚定理想信念，更好地发扬党员的优良传统和作风，充满自信，不忘初心、继续前进。

学习贯彻好“七一”重要讲话精神，必须与日常的海洋发展战略研究工作紧密结合，做到与党建工作两手抓、两促进。随着国际海洋事务的发展和变化，很多矛盾日益凸显。为适应国内和国际海洋形势发展需要，战略所要立足自身学术专长与研究优势，切实开展各项海洋战略研究工作，聚焦海洋领域的热点与焦点问题，在海洋政策与管理、法律与权益、经济和资源环境等方面开展中长期跟踪研究，为国家海洋局及有关决策部门提供高质量的咨询建议，更好地服务于国家及地方海洋事业发展，为建设海洋强国做出新的更大的贡献。

（2016 年 8 月 5 日）

推动中希文明交流互鉴 共建和谐海洋

赵 骞

一个国家和民族的文明是一个国家和民族的集体记忆。人类在漫长的历史长河中，创造和发展了多姿多彩的文明，不论是中华文明还是希腊文明，都值得尊重和珍惜。文明是多彩、平等和包容的。只要秉持包容精神，中希文明相互尊重，就不会存在“文明冲突”，就可以实现文明和谐。中希文明交流互鉴，既可以推动各自文明的创新发展，又能让两国人民享受更富内涵的精神生活，同时也是增进两国人民友谊的桥梁、推动人类社会进步的纽带、维护世界和平的重要动力。

中国和希腊都是毗邻大海的古老国家，都有悠久的航海历史。希腊文明和中华文明的发展历程中都没有离开过海洋。古希腊海洋文明，是一种综合了古代东西方文明诸因素后发展起来的新型海洋文明，它对以后地中海地区及整个世界历史的发展都产生了深远的影响，具体表现在政治、经济、文化、思想、艺术、神话传说及航海技术等方面。中华民族拥有悠久的海洋文明史，大海孕育并构筑了神奇而充满魅力的海洋文化。依托海洋诞生的海洋文明浸润着中华民族海一样博大宽厚的精神特质。中华民族是人类海洋文明的重要缔造者之一，海洋文明在中华文明的长河中扮演了重要的角色。中华文明以大海为纽带，同其他国家不断交流互鉴。文明因交流而多彩，因互鉴而丰富，不同文明只有通过交流互鉴，才能激发其生命活力，才能成为推动人类进步的重要动力。

人类已经进入 21 世纪，海洋日益成为不同文明间开放兼容、交流互鉴的桥梁和纽带。海纳百川是中国文化传统的精华之一，体现了包容并蓄的美德，这与古希腊哲人所说“和谐会促进正义、美和善”异曲同工。包容、和谐均是海洋文明的精髓，共同建设和谐海洋既是海洋文明的重要体现，也是可持续利用海洋的内在要求。

人海合一是指人与海洋应该建立一种和睦的、平等的、协调可持续发展的新型关系，是海洋文明的应有之义，是和谐海洋的重要体现，也是人与自然和谐相处的大道。共同建设和谐海洋，应秉持人海合一的理念，在继承传统海洋文明的基础上，超越国家、民族的界限，善待海洋，保护海洋环境，让海洋永远成为人类可以依赖、可以栖息、可以耕耘的美好家园。倡导建设和谐之海，坚持可持续发展方向，符合人类共同利益和价值观念。

海洋关乎人类尤其是沿海国家的繁荣与人民的福祉。走向海洋是中希两国人民的共同追求。中希两国以文明交流互鉴为理念，不拘形式、不限问题地开展海洋文明交流和对话，增进共识。双方加强在海洋生态环境保护、海洋矿产资源勘探和开发、海洋观测预报和海洋灾害预警、海洋科研、海洋执法、海洋政策等领域合作。双方秉承加强海洋综合管控，以资源节约、环境友好的方式开发利用海洋的理念，维护保持海洋生态系统健康，共同建设美丽海洋。

中希双方着眼于海洋文明的创新，通过相互借鉴，共同发展，为不断增强海洋文明的优势提供智力支持。中希两国在未来的航程中携手同行，以大海般的胸怀和历久弥新的智慧，推进文明交流互鉴，让古老的中华文明与希腊文明绽放出时代的光彩，共同建设和谐海洋。

（2014 年 8 月 6 日）

抓住机遇深化中希海洋领域合作

李 军

国务院总理李克强在希腊雅典出席中希海洋合作论坛时阐述了中希海洋合作的现状和前景，“两国签署了海洋合作谅解备忘录，决定将 2015 年定为中希海洋年，成立中希政府间海洋合作委员会，加强在海洋科技、环保、防灾减灾和海上执法等领域务实合作”。李克强总理的讲话为中希两国海洋领域合作提供了政治保障，指出了两国海洋合作的重点领域。中国应抓住机遇，积极推动建立两国政府间海洋合作委员会，明确两国海洋领域的合作内容，为深化两国合作做出积极贡献。

首先，应将海洋合作委员会作为两国海洋领域合作的重要政治和制度保障。以建立两国海洋合作委员会为契机，积极推动两国海洋领域合作的常态化、制度化。在具体形式上，海洋合作委员会可以实行轮值主席制或双主席制，并下设若干个分委员会，如海洋科技、环保、防灾减灾和海上执法等合作委员会，并随着双方合作的深入不断拓宽合作领域。委员会应确定双方定期会晤、互访等重要机制。委员会的成员则主要由双方政府涉海部门共同组成。除了政府组成部门外，双方应将国内涉及相关海洋领域的科研院所和重要涉海企业也纳入委员会或分委员会的组成成员，形成政府、企业、学界共同推进两国海洋领域合作的良好局面。

其次，要明确各领域合作的重点。海洋科技是海洋事业发展的重要基础和前提，无论海洋经济、海洋环保、海洋防灾减灾以及海上执法均涉及海洋科技问题。海洋科技也是双方合作意向最为强烈的领域。中国建设海洋强国需要以海洋科技创新作为驱动力，希腊为了提高海洋科研能力也在不断整合海洋科研体系。在海洋科技领域，要明确 3 个重点合作领域。一是涉及认知海洋的相关海洋科学领域，如海洋在地球系统中的作用、海洋在调节气候变化方面的作用、海洋环流和海气相互作用对季风气候的影响以及海洋地质地球物理等科学问题。二是涉及海洋战略性新兴产业发展以及传统海洋产业绿色发展的关键及核心技术领域，如海洋装备技术、海洋可再生能源技术、海洋矿产资源开发技术、深潜技术、海洋生物基因技术以及海水养殖技术等。三是涉及海洋管控的相关技术领域，如海洋观测与海洋监测的相关科技计划与核心技术、海洋卫星定标与校准领域和基于生态系统的海洋综合管理等。在海洋环境保护领域，要加强对有毒赤潮对海洋渔业资源及海洋生态安全的影响、陆源有毒污染物排海造成的海洋生物伤害、沿海大规模开发对近海环境的影响及管控等方面的研究。在海洋防灾减灾领域，要加强全球气候变化导致的海平面上升、海洋极端天气导致的海洋灾害及其影响、海洋灾害预报预警等政府提供公共服务体系等方面的研究和合作。在海洋执法领域，应加强海洋执法方面的国际、国内相关法律依据的合作研究和有关海洋执法装备、海洋执法能力建设领域的合作等。

最后，应通过政策措施保障双方海洋领域合作的不断深化和拓展。一是加大双方海洋领域相关机构的合作交流，加强双方海洋各合作领域人员的互访，可以采取双方合作主持科技计划或吸引对方科技人员参加本国科技计划等模式。二是加大资金支持力度，两国海洋领域的合作资金，一方面可以来自财政资金，主要用于支持政府间的海洋科学合作计划、人员互访、机构建设等；另一方面应积极吸引社会资本进入，特别是在海洋技术创新领域，可积极通过财政资金定向支持海洋技术创新及产业化来带动社会资本的投入。三是加强海洋领域人文交流与合作，如设立相关领域的奖学金吸引对方优秀的海洋科技人才，双方互办海洋年，开展海洋文化、历史等方面的交流等，为两国海洋领域合作创造良好氛围。

（2014 年 8 月 13 日）

期待打开阻碍数据共享的“玻璃门”

丘 君

作为国家海洋局海洋发展战略研究所副研究员，笔者于2014年3月赴美国伍兹霍尔海洋研究所海洋政策中心访问学习。近半年的访学经历，使我在学习知识、增长见识和更新认识等方面都有所收获。其中，美国海洋科学数据共享及其对科学研究带来的巨大便利尤其令我体会深刻。

一、数据共享为科研带来极大便利

访学之前，偶尔从美国国家海洋与大气管理局及其下设的国家地球物理数据中心、国家海洋数据中心等数据库下载中国海岸带和管辖海域的基础地理数据。由于这些数据库关于中国区域的数据很有限，当时我对美国海洋科学数据共享所带来的优势还没有深刻认识。

访学期间，参与了以美国马萨诸塞州海岸带为对象的研究课题，并利用美国联邦政府和马萨诸塞州政府所设立的多个科学数据库免费获取了课题研究所需的基础地理信息数据，内容涉及高分辨率的海岸带地形、100多年以来的海岸线变迁历史等。对比过去在国内申请使用海洋基础数据所遇到的种种困难，以及缺乏数据对研究工作造成的各种制约，我深刻体会到海洋科学基础数据共享为科研工作提供的极大便利。

二、中美数据共享存在差距

据了解，美国海洋科学数据管理模式和国内类似，分为3个层次：一是保密数据：公开后有可能危害国家安全、影响政府管理的，按保密数据管理；二是免费共享数据：政府拥有、生产和政府资助生产的，完全开放共享；三是商业化数据：以平等竞争的市场化机制，共享私营商业公司投资产生的数据。

在具体操作层面，两国有很大差异，由此也导致两国在数据共享上的差距。比如，美国对于保密数据的范围有明确的界定，其目的不只是防止保密数据泄露，也是为了限制数据拥有者以保密为由阻碍共享数据。在国内，保密则可能被用作拒绝提供数据的借口。

美国科学数据免费共享的机制都已经比较完善，这是其几十年努力的结果。马萨诸塞州海洋资源信息系统是我常用的一个免费海洋科学数据库，也是美国海洋科学数据共享的一个缩影。公众可以在任何接入互联网的计算机上，使用网页浏览器免费查询或下载感兴趣的数据，也可在线制作专题地图。该系统提供免费下载的数据有几百项，不同的数据在不同的图层展示，可根据需要按区域单独或批量下载。完善的数据库为该区域的海洋科研提供了巨大的便利。

三、国内数据共享条件已具备

在国内，海洋科学数据共享已是一个老生常谈的话题，也已经具备了很好的条件。首先，从管理机构到科研人员对海洋科学数据共享的巨大价值早已形成共识：科学数据共享具有重大的科学、经济和社会价值，海洋科学数据共享也是科学数据增值、提高海洋科技创新能力的重要支撑。其次，我国已经拥有可供共享的海量数据。国家在海洋调查领域投入了大量资金，获得了丰富的海洋调查数据。有关机构通过国际海洋数据资料交换渠道也已获得了大量的国外海洋数据资料。从技术上，数字海洋信息基础框架的设立也为数据共享提供了技术和平台。再次，有关管理部门也一直在推动这些数据的共享：国家海洋局建立了海洋科学数据共享机制，出台了一系列相关管理办法。

遗憾的是，上述一系列完备的条件并没有带来所期待的海洋科学数据共享，好似有一扇“玻璃门”在阻碍着数据的共享传递。现实或如同国家海洋信息综合管理和服务部门的研究人员所指出的那样：“国内数据服务由于安全保密、部门利益分割等原因，在共享的内容、形式和范围上都存在诸多问题，阻碍着海洋事业的进步和发展。”

在美访学的经历扩宽了我的眼界、充实了我的知识、提高了我的能力，对于我回国后的工作将大有裨益。眼界的扩宽也让我产生了更多的梦想，我热切期待着阻碍我国海洋数据共享的那扇“玻璃门”能早日被打开。

（2014 年 10 月 22 日）